U0520550

我想开了

傷つきやすい人のための
図太くなれる禅思考

［日］枡野俊明——著
白娜——译

北京联合出版公司
Beijing United Publishing Co.,Ltd.

序言

我是一名禅僧。不知大家对"禅僧"有什么样的印象呢?举止优雅、秉节持重,面带微笑、待人和善……

在我看来,禅僧之所以会给人留下这样的印象,其根本在于某一点特质。

为了避免误会,我就开门见山、直奔主题:

禅僧们都是"想得开"之人。

人生在世,需要随时保持一颗强大的心。成就这一点的关键,正是"想得开"。

不被厌恶、痛苦之事所击溃的顽强。

即使处境艰难、困难重重，也不气馁、屈服的坚韧。

即使在遇到困难的瞬间会短暂地意志消沉、畏缩不前，仍能很快重新振作的坚强。

即使周围是批评和否定之声，仍能以"无妨、无妨"的心态面对的豁达。

换句话说，顽强的心、坚韧的心和豁达的心，都是在"想得开"的土壤中培养、生长起来的。

对本书的主题感兴趣的读者，可能都有过以下心境吧。

- 总是因为一些琐碎小事而想东想西、苦恼不已。
- 比起自己的想法，更容易被他人的言语左右。
- 一旦因为某事感到郁闷，就很难从这种情绪中抽离出来。
- 特别在意周围人的看法，时时顾虑他人的眼光。
- 害怕受伤，不敢表达自己内心真实的想法。

诸如此类，有的人为人处世心思过于细腻，因为一些小事就忧心忡忡。其实，禅僧们在修行前亦是如此。在敲开禅寺的大门之前，类似的禅僧可以说比比皆是。

其实，我也一样。起初修行时，因为太过担心自己会睡过头，我睡觉时总是出一身虚汗，甚至每隔一小时就会醒一次。

但是，现在不管是在电车里还是在飞机上，我都能快速地入睡。在某次测验中，我的熟睡率竟然高达99.8%。可以说，我的睡眠质量相当好。

也就是说，在禅修的过程中，人们自然而然就会培养出一颗恬淡、旷达的心。此外，正所谓"行住坐卧皆是禅"。走路（行）、停留（住）、坐下（坐）、躺下（卧），这些原本就是人最基本的行为，因此日常生活中的一切都是修行。所以，比起"修行"一说，更准确的说法是，在禅的生活中自然而然地养成"想得开"心态。

禅的生活其实并不难。展开来说，就是以禅的思考看待事物，以禅的教诲待人接物、为人处世，以禅的思维方式表达和行动。

本书集合了实现这一状态的技巧和窍门。

书中所有建议，任何人在日常生活中都可以随时随地实践。

请大家放心，"想得开"的心态是可以培养的。只要你反复阅读，一点点地去实践，一定能掌握。

"禅即行动"。你可以从书中的任意一条建议做起。让我们立刻行动起来吧。

二〇一七年二月吉日　建功寺住持

枡野俊明　合掌

目录

第一章

凡事想开一点,忧虑就会少一点

想开了,就是在社交上拥有"钝感力" / 3

没有比较就没有伤害 / 7

不要落入"弥补劣势"的陷阱 / 11

想得开,不是让你想太多 / 15

有时候,结果并没有那么重要 / 19

失败也无妨,先硬着头皮做吧 / 23

没失败过的人,才是真正的可怜人吧 / 27

任何人都能掌握"总会有办法的"咒语 / 31

第二章

想开了,就是不纠结、不苛求

不预判,让人际交往变得和谐 / 37

少刷存在感,在与他人的联系中生存 / 41

没有完美的人,"想开了"就是完美 / 45

以主动的心态面对所有事情 / 50

拥有"一个人的时间",重新审视自己 / 54

我们不一样,我们都很棒 / 59

发掘优势,就能活出自己的色彩 / 63

即使面对烦恼,也心怀感激 / 67

重视自己的人生,"任性"一点也无妨 / 71

放下金钱和名利,更容易加深关系 / 75

第三章

想得开的人都善于转变心态

"扫除"或许是转换心情最快捷的方法 / 83

不要将烦心事拖到第二天 / 87

计较得失会让人的心胸变狭窄 / 91

无论身处何种境地,都要努力"化不利为有利" / 95

不找借口,用行动解决问题 / 100

"想得开"之人会准备方案 B / 105

深呼吸让我们内心更平静 / 109

进可攻,退可守——在职场中保持社交距离 / 113

不是什么年龄做什么事,而是要活出自我 / 117

第四章

想得开的人都懂得释怀

不与生气的人站上同一个擂台 / 125

最佳的"复仇"是堂堂正正地活在当下 / 129

生气的时候,开口前先从一数到十 / 133

"书写"愤怒让内心变平静 / 137

不要勉强去做超出自己能力范围的事情 / 141

直面自己的弱点,就能保持释然 / 146

没问题的部分,不需要反思 / 151

对于"多管闲事"的热心人,说"谢谢"就好 / 155

第五章

想开了，生命的花就开了

人生不设限，坚持"洗冷水澡" / 163

聆听自己内心的声音，和真正的自己对话 / 168

想开了，自然能拥有高质量睡眠 / 172

想开了，生病也是一种修行 / 176

坦然接受生活中的所有事物 / 180

放下多余之物，拥抱简约生活 / 184

不被他人之言所左右，坚信自己的感受 / 189

拥有真正属于自己的幸福婚姻 / 194

终极的"想开了"是单纯地作为人活着 / 198

特别附录

让人宽心的"椅子坐禅" / 203

第一章

凡事想开一点，
忧虑就会少一点

想开了,就是在社交上拥有"钝感力"

人们之所以会感到受伤、烦恼,大多是因为人际关系。无论是工作还是生活,人们每时每刻都与他人有着千丝万缕的关联,在交往中产生摩擦和情绪波动是再自然不过的事了。

其中,那些天生心思细腻、敏感的人或许更容易受伤。他人的无心之举也会触动他们敏感的神经。

"我很在意他的那些话。他是不是有什么恶意啊?"
"他竟然那样对我,肯定是嫌弃我了,一定是这样……"

诸如此类,他人的举动其实根本没有丝毫恶意,却被无故过度解读。别人的态度稍显生硬，一些人就以为自己被讨厌、被嫌弃，最终开始回避对方，对人际交往产生抵触情绪。

反观"想得开"的人，他们对他人的言行有着积极意义的"钝感"。他人如利剑般尖酸刻薄的话语，他们也丝毫不放在心上。那么，"想得开"的人为什么能保持这种心态呢？

细想可知，愿意与我们保持人际关系的人一般都不会带着明确的恶意和我们相处，更不会有意地以刻薄、恶劣的态度对待我们。既然如此，那些一不留神脱口而出的"无心之词"，之所以会让你觉得不悦，很有可能只是"凑巧"你当时心情不好而已。总之，很多时候，言语本身是不带恶意的。

经常从他人的言语中解读出恶意和负面情绪的行为叫作"过度反应"，这种心理会让人际关系恶化。

"话虽如此，可我的性格就是这样，我也很无奈

第一章
凡事想开一点，忧虑就会少一点

啊。我总是不自觉地把那些话放在心上，有没有什么解决办法啊？"

非也，非也。我很敬重的板桥兴宗禅师经常说，即便是禅僧，也会因为对方的言行而感到愤怒。每当这种时候，板桥禅师就会做几个深呼吸，然后在心里默念三次"谢谢"。据说这样做可以让愤怒的情绪一扫而空。

"他/她怎么会说出这种话呢？"

如果不停地在大脑里思考这个问题，怒火就会只增不减。但是，做几个深呼吸，在心里默念些什么，怒火自然会被浇灭，不会冲上头。板桥禅师的这个方法倒是可以利用起来。

面对那些"意有所指"的言辞，就当场做深呼吸，在心里默念些什么，比如"冷静、冷静""没关系、没关系"，这些词可能比较好。这个方法可以帮助我们预防过度反应。

也可以说，它能够发挥"盾牌"的作用，抵御那些让我们受伤、烦恼的"种子"。掌握了这个方法，对于一般的小事，人就不会太受触动，也就能以平常心大度地看待、接受他人的言行。

这样一来，你原本拥有的"细腻"反而会成为你的优势。也就是说，在人际交往的过程中，你不仅能以平常心大度地与他人交往，还能心思细腻地为他人考虑，照顾对方的情绪。

在建立与维护良好的人际关系方面，钝感与细腻可以说是相辅相成的。换句话说，导致人际交往不畅的"敏感""细腻"可以让平常心的效果实现最大化。这样，你的人际关系一下子就会变好。

> "想得开"甚至能将"细腻"转变为巨大的魅力。

没有比较就没有伤害

人们总是带着各种各样的情绪和思想活着，其中也有让人感到困扰的东西，比如自卑感。自卑感产生于和他人的"比较"中。禅最不喜"比较"。

请大家回想一下自己内心深处的自卑感。

"他虽跟我同期进入公司，却总能轻而易举地完成工作任务。我再怎么努力也不及他。"

"她长得那么漂亮，穿什么衣服都好看。再看看我，穿得再时尚也比不上她……"

自己比他人"逊色"，这种心态既会让我们变得畏首畏尾，也会带来烦恼和痛苦。请静下心来思考一下：羡慕比自己有能力的同事，自己的能力就会得到提升吗？嫉妒漂亮的她，自己就能变好看吗？

很显然，答案是否定的。和他人比较，自己不会有任何改变。我希望大家理解的正是这一点，而这也是唯一能让我们摆脱自卑感的方法。

此外，"逊色"这种认识有很大的不确定性。

大家应该都听过这样一句话：邻居家的草更绿（相当于汉语中的"这山望着那山高"）。

这句话的意思是，比起自家的草坪，邻居家的看起来更绿一些。事实上，两块草坪并没有什么不同。有些人总觉得别人的东西看起来比自己的好，而且这种人不在少数。

这也是产生自卑感的原因之一。那些看起来轻而易举就能完成工作任务的同事，可能在大家看不到的地方付出了巨大的努力，众人看到的不过是他努力的结果而已。也许，在能力上他与你并没有差别，甚至有可能还不如你。

禅语"放下著"的意思是"请放下"。"放下"指丢掉、摒弃；"著"是虚字，用来加强语气。

第一章
凡事想开一点，忧虑就会少一点

最应该丢掉的首当其冲就是"比较心"。如果能丢掉这个，你就可以活得比现在更轻松、更洒脱。在此之前，你一直将目光集中在比较对象的身上，他的一举一动都牵动着你的喜怒哀乐。放下"比较心"之后，你就没有这个负担了，内心自然会变平静。

如果我们能放下与他人比较的心思，就不会动不动就神经过敏，内心也会放松下来，这样就会有很多好事发生。比如，原本用来观察周围人的时间，现在就可以用来审视自己。如此一来，我们思考、观察自己的时间就变多了。这一点至关重要。

在我看来，如果比较对象是我们自己，还是可以多比较比较的，更准确地说，应该经常比较。

"上次的项目在最后关头出了差错，这次很顺利就完成了，应该是工作能力稍有提升吧。"

"以前一直被别人指挥着工作，现在终于能掌握工作的主动权了。是因为有了干劲吗？"

审视自我，对比以前的自己和现在的自己，感受自己的变化，没有比这更好的自我验证了。而且，完成自己以前做不到的事情，你的内心会获得一种莫大的喜悦，它将成为你进一步腾飞的原动力。

> 与他人比较毫无意义。自己才是我们真正应该比较的对象。

不要落入"弥补劣势"的陷阱

在这里,我想问大家一个问题:"一般什么样的事情会让你们比较介意?"

你们会有什么样的答案呢?可能问题本身比较笼统,所以答案会五花八门。不过,我可以举几个例子,应该会有以下这几种答案:

"胆小、保守,不喜欢出风头,也知道工作中需要有自己的主张,但是真的很难做到。也许是性格使然吧,可是……"

"微胖的身材最让我介意,即使想变得时尚一些,能驾驭的时装也少之又少……"

"不会说英语。当今时代,国际化不断推进,总感觉自己会被时代淘汰,这让我感到很不安。"

你有没有发现这些答案中有共通的地方?是的,"做不到""负面思考"就是其中的共通处。我想,可以把这些介意点称为我们的"劣势",每个人都会在意它们。也就是说,人们都有这种倾向:对劣势极其敏感。

这时我们就会思考该如何弥补劣势,这是一种自然反应。而且,现代社会纷杂的信息正在加剧这一倾向。

"六个月轻松搞定商务英语!"
"自我变革,易如反掌!"
"这里有简单快捷且效果显著的瘦身方法!"

诸如此类,大量的信息犹如漫天飞雪朝我们袭来。现代社会最不缺的就是"弥补劣势"所需的信息。实际上,这里面有一个陷阱。当然,挑战不擅长的事情、消除负面因素,并不是一件坏事。但是,要想将自己的不

第一章
凡事想开一点，忧虑就会少一点

足之处提升到平均水平，是要花大力气的，因为还有很多其他因素。

人既然有劣势，那么肯定也有优势。我们往往对自己的优势很迟钝，甚至容易忽视。这可真让人遗憾。自己一直以来所擅长的事、所拥有的积极因素，正是自己的优势，怎么能不关注这些呢？

其实，比起弥补劣势，发挥优势的效果更明显。最关键的是，做起来还轻松、快乐。如果同样付出"十分"的努力，那么前者也许只能收获"三分"的成果，而后者取得的成果则可能是付出的两三倍。

因此，我们应该对优势敏感，对劣势钝感。即使不会说英语，倘若你能锻炼自己的企划能力，也不会被全球化的浪潮所吞噬。擅长英语的人数不胜数，可能的话，那部分就交给他们吧。

如果你不擅长站在台前，那么就作为幕后人员或无名英雄发光发热吧。"多亏有他/她，不然这个项目就黄了"，如果得到了这种评价，那就代表你已经成为组织中无可替代的存在，确立了属于自己的坚实地位。

我能理解大家总是会对自己的劣势耿耿于怀的心情，但有短板也无所谓。这时，我们需要做的是将短板抽离出视线范围，拥有一颗专注于优势领域的豁达的心。用对优势的提高来弥补劣势绰绰有余，同样能创造出全新的自己。

> 对劣势视而不见可以提升你的魅力。

想得开，不是让你想太多

做事情要"深思熟虑"，这一点极为关键。在职场上，类似"你就不能稍微动下脑子再行动吗？"的斥责声绝不少见。不过，最近大众开始关注"执行力"，以此为主题的书籍好像还十分畅销。

事实上，这与禅的思维方式不谋而合。正所谓"禅即实践"，禅教导我们首先要行动起来，思虑过多只会让我们停滞不前。

比如，工作上需要安排重要的会面时，如果对方是个大人物，那么我们很容易就会思前想后、畏首畏尾。

> "什么样的开场白才不会失礼呢？听说对方是个大忙人，不知道能不能腾出时间啊……"

"听说是个很难伺候的主儿,要是得罪了人家可怎么办啊?"

想得越多,越难伸手拨通对方的电话。的确,考虑对方的身份、地位、境遇以及做足礼数,是必不可少的。尤其是心思细腻的人,绝不会在这种时候"敷衍了事"。即便如此,做事仍需要把握合适的尺度。

俗话说:"过犹不及。"思虑、关怀过度,人就无法迈出向前的一步。只要有所行动,就会引起一些变化,或许也可以说会与对方结下缘分。

如果对方表示现在很忙没有时间,那么你就可以进一步确认对方什么时候能腾出时间;如果对方对会面前的准备工作有一定的要求,那么你就可以立即着手准备。不管是哪种情况,你的工作都开始向前推进了。

从这个角度来看,不管对方是谁,不管事情有多困难,比起慎重或是深思熟虑,能够立即行动的"无所畏惧"应该会略胜一筹吧。从侧面来看,看似一味地蛮干、

第一章
凡事想开一点，忧虑就会少一点

鲁莽冒失的"无所畏惧"，实际上拥有"深思熟虑"所欠缺的不瞻前顾后的气势。

气势是一种力量，不仅能驱除邪气，还能打破壁垒、清除障碍。所以，无所畏惧的人往往能正中对方下怀。

主营化妆品、保健食品、低脂食品的开发和销售的"银座丸汉"（原银座日本汉方研究所）的创始人、日本实业家斋藤一人曾这样说：

> "运势，汉字写作'搬运气势'。简而言之，运势就是气势。如果想让运势变好，就以十足的劲头和气势去做每一件事吧。"

我想，斋藤先生想表达的是，如果做事没有气势，好运就不会降临，也不会结下美好的缘分。话虽如此，但对于心思细腻的人来说，"迅速行动"或许会让他们觉得压力很大。

这时就轮到禅出场了。禅最崇尚"体感"，即用身体去感受。比如打坐，起初你会觉得脚疼，甚至疼到难以忍受。但是，某一天，某一瞬间你会突然体会到"真舒服啊"的感觉。

之后，你就会爱上打坐。所以，请至少尝试一次，哪怕是逞强也好，试着逼迫自己无所畏惧地行动起来。它会让你产生"动起来会触动一些东西"的体感，会让动起来的你发生变化。无所畏惧的"真传"就在这里。

> 有了体感（亲身感受），任何人都能充分发挥其行动力。

有时候,结果并没有那么重要

在公司同事中,你有没有竞争对手?每个人都会关注周围人的动向,但最关注的还是自己的竞争对手吧。举例来说,如果有个同事一直和你比销售成绩,那你的内心肯定会想:"绝对不能输给他!"这的确能够鼓舞自己,但也会让你变成以结果为导向的人。

> "追求结果有什么不好?工作上,结果不就代表一切吗?"

我并不是要否认这一点。我只是单纯地认为,仅仅关注结果的工作态度,或者说只追求结果的工作方法,可能多多少少有些欠妥。

以竞争关系为例,其所追求的结果应该就是"战胜竞争对手"。如果没有竞争对手的存在,或许你追求的结果就会转变为"获得上司的肯定"。倘若你脑海里有这样的想法,更甚者,你将其视为绝对目的,那么你就会心生畏惧,畏惧无法战胜对方、无法获得肯定。

这种畏惧会不断膨胀、越演越烈,最终开始支配我们的行为。为了消除畏惧,为了赢得所谓的胜利、获得肯定,我们极有可能变得不择手段。

在我看来,这一现象的根本在于你有一颗"脆弱的心",无法坦然接受失败。换句话说,就是你缺乏平常心,把结果看得太重。所以,你只能以一种"不正当"的方式处理工作中的问题。孱弱的内心有时甚至会将你引入歧途。

有这样一句禅语:"一行三昧。"

其意思是,要保持一颗正直的心,用尽全力去做一件事。任何事情皆应以"一行三昧"的态度处之。我想,这句话既诠释了禅的行为方式,也教导了我们禅的生活之

第一章
凡事想开一点，忧虑就会少一点

道。换种说法即"合而为一"或"（成为）一件事"。

一旦你全身心投入某事，与其合而为一，就不会对结果有所畏惧。大家应该都有过以下类似经历：专心致志地忙工作，好不容易忙完了，才发现"哎呀，原来都这么晚了啊，忙得都忘记时间了"。这个时候，你的脑海里还在思考工作的结果吗？什么战胜对手啊、被上司表扬啊，这些小心思估计早就被你抛到九霄云外了。

这就是"一行三昧"，此时你已经与工作合而为一了。换句话说就是，你进入了全身心工作的状态。

结果是最终自然而然产生的，绝不是你主动追求的东西。不管是谁，都无法凭借一己之力控制结果。请一定铭记这一点。以职场为例，"一行三昧"就是以一颗正直的心全身心地投入眼前的工作。

如此一来，无论结果如何，你都能坦然接受。那些形式上的或者数字上的东西、赢了谁抑或输给了谁，都会变得无所谓。面对评价、考核，你也能淡然处之。

这难道不是与脆弱的心截然不同的吗？这样的人拥有

一颗不彷徨、不动摇的心,一颗"想得开"的心。

想拥有这种心态其实并不难,只要你不执着于结果、专注于眼前的事情就足够了。

不执着于结果,就能拥有"想得开"的心态。

失败也无妨,先硬着头皮做吧

大家想采取某种行动时,脑海中最先浮现的是什么呢?当然会有类似于"要是能取得理想的结果就好了"这种成功时皆大欢喜的画面,但紧接着你就会产生"要是失败了可怎么办"的负面想法。

这就是人类,每个人都在怀着某种恐惧生活。

尤其是那些对待事情极其认真的人,不管什么事都认真处理、应对的人,这种恐惧可能会更强烈。因为过于害怕失败,他们的内心产生抗拒,变得无法付出行动,难以迈出第一步。

说到失败,我想起了"云水修行",就是当初为了成为禅僧进入道场修行的那段日子。因为在那之前我一直身处"俗世",所以从修行的第一天开始,可以说我的生活就发生了翻天覆地的变化。

当时我什么都不懂就一脚踏入道场开始修行,所以无论做什么都接连失败,就像陷入了失败的泥沼一般。从日常的问候到筷子的起落,包括站姿、走路的姿势等,一切举止都在不停地出错。那个时候,铁腕教育被认为是理所当然的,所以我遭受了不少训斥。

就像前面所提到的那样,光是起床这一件小事,我都担心"要是睡过头了怎么办?"。我担心得根本睡不安稳,只是浅浅地入睡,每隔一小时就会醒一次。我记得即便是寒冬腊月,我睡觉时也是满身虚汗。

经历了一段时间的修行生活后,我才察觉到一件事:既然我的生活发生了翻天覆地的变化,那么犯错、失败也是情理之中的事,在训斥声中慢慢进步就好。或许,当我转变心态,开始认可并接受频繁出错、做不好事情的自己时,我才有了这样的体悟。

实际上,过了三四个月,早上到了该起床的时间,我都会自然醒来,也逐渐掌握了禅僧的各种行为举止规范,

第一章
凡事想开一点，忧虑就会少一点

打坐和作务（打扫卫生等劳动）也慢慢上手了。

现在回想起来，当时的体悟中最核心的内容不就是"转变心态"吗？说到"转变心态"，可能大家一般不会想到什么好事情。越是心思细腻、敏感的人，越容易因为微不足道的烦恼和社交压力而苦恼、郁闷，因此而患上抑郁症等心理疾病的人不在少数。从这个角度来看，只要能转变心态，对犯错的恐惧就能得到缓解，并最终成功进入真正的修行。这是我的亲身体验。

"失败了也无妨，先硬着头皮做吧。"

我是这样想的。当然，大家的日常生活和修行不可同日而语。但是，转变心态是缓解失败恐惧的灵丹妙药，这一事实是无法否认的。不是吗？

就算工作上失败了，不过就是被领导斥责、遭领导白眼而已，并不代表在那之后你就会彻底失去尝试新业务的机会。

再说了,不尝试着做一次,又怎么知道不会成功呢?未知的事情就先放在一边,不要被失败恐惧所束缚——这是禅最根本的思维方式。

有这样一句广为流传的俗语:"看起来难,做起来简单。"其意思是,思前想后、想东想西、折腾来折腾去,等到真正实践后才发现,事情进展得比想象中顺利得多。这句俗语不就是古人在教导我们要转变心态吗?

请尽快转变心态,把对失败的恐惧和不安抛到脑后吧。不要犹豫,你肯定能做到。然后,不要想那么多,只要拼尽全力去做事就好。这种经历必定会让你的内心变得更加坚强。

> **未知的事情就暂时放在一边,不要理会。**

没失败过的人，才是真正的可怜人吧

鼓起勇气，转变心态，尝试着去做了，可结果还是以失败告终——这种情况当然有可能出现。没有人是从未失败过的，也没有人能拥有一帆风顺的人生。

关键在于如何接受失败。

> "一旦失败就会很沮丧，很难从中抽离，重新振作起来。"

也许很多人都会如此。虽然我把这种状态称为恶性循环，但这可能是人类心理的普遍状态。因为人一旦心情沮丧，比起振作的力量，低落的情绪往往更容易发挥作用。

不过，还有一种接受失败的方式。在这里，给予我们提示的是本田技研工业的创始人本田宗一郎。

> "我认为,人不经历失败就不会成长。没有体会过失败的人,实在很可怜。"

我想,本田先生想表达的应该是失败中恰恰有值得我们学习的东西。即使失败了,只要从失败中认真学习、检讨,人也能有所成长。那些没有失败过的人,连这种学习机会都没有,不正是"可怜人"吗?

工作上的失误是否能以同样的思路去接受、考虑呢?比如:

> "原来如此,行动的时机有些过早了,应该再收集一些信息再行动的。以后在正式开始之前,一定要彻底做好信息收集工作,必须牢记这一点啊。"

搞错了时机导致的失败,让我们在寻找时机方面更明

第一章
凡事想开一点,忧虑就会少一点

白了真正关键的东西是什么。一个错误的判断就能为我们指明今后通往准确判断的道路,这是应该沮丧、气馁的事情吗?我想,并非如此吧。

失败并不意味着"做不到"或者"进展不顺"。相反,它能让我们掌握诀窍、有所启迪,从而实现"能做到""顺利推进"的目的。在我看来,成功才更能让人体会到危机感。

有个词叫"结果主义"。即便时机不佳、判断失误,也有可能"凑巧"取得良好的结果。如此一来,"不佳""失误"就会隐藏在成功的阴影下,被我们忽略,或许也可以说无法从中"学到东西"。

而且,在不久的将来,这种情况极有可能引发更加严重的"时机不佳"和无法挽回的"判断失误"。

恋爱亦是如此。被对方绝情地通知分手之后,如果以"啊,好难过"的态度面对,那么心态只会越来越消极。但是,如果在伤心难过的同时,能够以"看来过去我太依赖他的温柔了,误以为他对我的好是天经地义的,遗失了

'感谢的心'"的态度来面对,那么就能以积极的心态开始下一段恋爱,也能在新恋情中以一颗感谢的心去接纳对方。

将"已经失败的过去绝不可能重新来过"铭记在心,是以学习的心态接受失败的核心所在。已经过去的时间,无论你再怎么挣扎,无论你多么努力,都已覆水难收、无法挽回。既然如此,我们就应该转移视线、转变心态,专注于"当下"。不是吗?

如果能将注意力集中在"当下",那么我们眼中的失败就会以另一种形式存在,不是沮丧、气馁的泥沼,而是帮助我们通往成功的里程碑。

正是因为我们不断地回顾过去,内心才会动摇。所以,请专注于当下,这才是真正的"想开了"。

> **坦然地将注意力集中在"当下"。**

任何人都能掌握"总会有办法的"咒语

"最近总感觉不在状态，干什么都不顺……"

大家应该也有这种时候吧。但是，这个世界上又有多少事情真能如我们所愿呢？比如，工作上取得了一些成绩的话，你的内心真的能体会到类似于"完美，100分啊！"的满足感吗？

我觉得恐怕并非如此。工作是一件有了另一方才能成立的事情，而对方和我们一样，也有自己的"想法"。在各种不同的想法摩擦、碰撞的过程中，所有人的"想法"都能如愿以偿吗？只有双方在某个点上相互有所退让、妥协，彼此的想法才能找到真正的着陆点。

以恋人关系为例说明，可能更容易理解。假设你有一个心仪的对象，你当然希望对方同样倾心于你。但是，就算你再怎么热情、倾注再多深情，对方也不一定和你心意相通。一厢情愿、单相思的例子可以说屡见不鲜。

这时，或许有人会觉得之所以没能两情相悦，是因为"自己没有魅力""我配不上人家"。这种想法只会让自己丧失信心，变得自卑。

在我看来，这就是在"唱独角戏"。若我们以心想事成为前提，一心想着"必须如此"，自己的内心就会变得狭隘、敏感。

说得更直白一些，人生在世，真正能心想事成、称心如意的事情可以说少之又少。尽管如此，人们还是习惯于期待心想事成，因此在事与愿违时才会产生更大的落差感。这正是佛家所说的"苦"。就是因为非要让本就不能如我们所愿的事情变得如我们所愿，我们才会烦恼、苦闷。这是释迦牟尼对我们的教诲。除此之外，释迦牟尼还曾这样说道：

第一章
凡事想开一点，忧虑就会少一点

"汝等比丘，世间一切皆苦。"

也就是说，人生在世，不如意的事十有八九。但是，我们也不必因此就陷入绝望，因为"总会有办法的"。

即便意中人的心里根本没有你，世界也不会终结，你更不会失去性命。总有一天，你会遇到比那个意中人更让你心动、更能点燃你的激情的爱人。一切都会好起来的。

现在，要不要以阅读本书为契机，抽掉你心上那一根紧绷的弦呢？如果事情的发展没能如你所愿，那就坦然地接受，转变心态，相信"总会有办法的"，然后在问题被解决的现实中努力地生活下去。

禅语中有"柔软心"一说。

"柔软心"指柔软、包容、自由的心。受拘束的心会渐渐失去柔软、包容之态，变得顽固、执拗，如此一来人就无法自由行动了。

能够让你的内心得到解脱和释放的，不是别人，正是你自己。做到这一点的关键就是相信"总会有办法的"。

日本自古以来就被称为"言灵之幸国"。其意思是,语言有着不可思议的力量,即灵力,而日本就是因相信语言的灵力而被赐福的国家。

如果遇到不如意或让你苦闷忧心的事,就试着大声喊一句"总会有办法的"吧。这是任何人都能掌握的"咒语"。有了它,你就能重新找回内心的柔软和包容了。

用"柔软心"化解内心的执拗与顽固。

第二章

想开了，
就是不纠结、不苛求

不预判,让人际交往变得和谐

你知道专业的将棋选手在对弈中能预判多少步棋吗?当然,预判力因人而异。比如,含"永世名人"称号在内,坐拥六个"永世"称号的羽生善治曾这样说过:"一般,从对手的一个变化就能预判10步到15步棋。不过,如果是分支的话,预判就以100步、1000步为单位了。"真可谓令人惊叹的"预判力"。

在与人交往的过程中,同样需要预判。比如,在工作交涉、沟通中,会进行类似于"我方给出如此提案后,对方会有什么样的反应?如果是这种反应的话,就这样回复吧。如果能朝着这个方向推进的话,那么就这样……"的预判。越是谨慎、认真的人,越会超前一步、再超前一步地进行预判,并针对每一步预判事先制订应对方案。

这种做法有一个缺点：倘若预判失误，事情必定会朝着不同于事先推测的方向发展，那时就会出现措手不及、难以应对的情况。

"咦？我还真没考虑过这种处理方法。我完全没想到对方会是这种反应，这可把我难住了，怎么办啊，该怎么办才好啊……"

深思熟虑、一板一眼地做了预判，反倒成了掣肘的障碍。面对"不应该这样"的状况，你的内心必定会变得焦躁不安，接下来的回答也会变得吞吞吐吐、语无伦次。交涉的主导权肯定会被对方夺去。

即使我们做了非常超前的预判，真正能按照预判发展的情形也极其少见，或许可以说根本不存在。所以，即便要做预判，也不要追求"面面俱到"，能做到"大概""差不多"就足够了。

以提案为例，只要做好准备，无论对方提出什么样的

第二章
想开了,就是不纠结、不苛求

疑问,你都能给予反馈即可。其余的事情"交给(现场的)氛围"就可以了。如此一来,你能应对的范围自然就变宽了。

"交给氛围"指从对方的表情和语气揣摩、斟酌其背后的深意,感受其中的情绪,从而做到应对自如。

"准备工作已经就绪,剩下的就走一步看一步吧。"

没错,保持这种心态就足够了。

对于私事的处理,可以说也是同样的道理。有这么一种人,在约会之前,他们会一板一眼地计划得非常详细,比如在什么地方见面、在这家餐厅吃饭、在那家酒吧喝酒等,更甚者就连见面要谈论什么话题,都会事先做好计划。

约会绝不会完全按照一个人单方面的计划推进。明明你事先想好了要在意大利餐厅吃饭,结果对方突然提出:"今天去吃日料吧,我想吃刺身了!"这种情形应该不难想象吧。一板一眼的计划派人士这个时候估计一下就傻眼了。反之，如果在脑海中做好兼顾日料、中餐、西餐的准备，大致定个吃饭的地点，不就能随机应变了吗？只是在脑子里大致定个吃饭的地方，不就能立马灵活应对吗？

禅语"云无心"强调的就是不受拘束、潇洒雅逸的姿态的重要性。飘浮在天空中的白云在风的吹拂下不断变幻身姿，朝不同的方向流动，不拘泥于形状和方向，但从未失去其本质——这才是真正自由的姿态。

无论是工作中还是工作之外，人际交往都是不断变化的过程。即使你想事先做好万无一失的预判，事情也不会如你所料。所以，就让我们以一颗豁达、自由的心去面对吧。

只需抓住核心，其余的就自由发挥吧。

少刷存在感,在与他人的联系中生存

每个人都拥有一种叫作"自我"的东西。大约"二战"后,美国的自由主义、民主主义传入日本,自此日本全社会开始宣扬自我意识的必要性。

自那时起到现在,已经过去了七十多个春秋。现如今,拥有强烈的自我主张以及敢于直接表达自我的人不断增多。总的说来,就是大家变得张口就是"我如何""我怎么怎么了"。

> "无论在工作上还是在个人生活中,拥有明确的自我主张不都是非常重要的吗?这些人才是内心强大的人,不是吗?"

的确，可能大多数人持这种意见。在公司里，那些有明确的自我主张的人，或许大多是那种让周围人另眼相看的存在。但是，禅的看法与此截然不同。

禅语"诸法无我"阐明了佛教的根本思想，即这个世间没有真实的"我"。也就是说，世间万物都在相互关联中存在。

如果站在日常生活的角度看，"诸法无我"就是指"任何人都不是独立生存的，都是在与他人的联系、沟通中活着的。更进一步说就是，人是在与其他事物的关联中生存的"。或许可以说，能察觉这一点，并尽可能地削弱"我"的存在感，才是禅的修行。

将自我放在首位、总是强调自我主张的人，看上去像是内心强大的人。也有人认为，这种人具备带领、管理周围人的领导才能。我认为并非如此。

执着于个人意见和看法的人，是无法认同他人的。即便在讨论和辩论中，他们也喜欢驳倒他人，不断强调自我意见的正确性，固执地坚持己见。

第二章
想开了,就是不纠结、不苛求

这世上本就没有绝对正确的观点和理论,所以自然会出现被人指出错误的情况。面对这种情况,这类人的处理能力是格外薄弱的。过往的威风一旦受到打击,他们就会气馁、沮丧,或许也可以说,他们会暴露内心的脆弱。

反观那些深谙人与人之间联系的人,他们能够认同他人,也懂得倾听他人的意见。即使有自己的观点,他们也绝不会一味地坚持,而是能够听取周围好的思考和看法,在调和中找寻落脚点。

我经常举例说,在我看来,这两种人的区别就好比坚硬的大树和竹子的区别。在疾风的吹拂下,坚硬的大树为了保持直立会不断抵抗,但如果风再强一些,风力再大一些,大树就会坚持不住,会被折断。

与之相对,竹子不会逆风坚持,而是选择随风弯曲,如此一来便能经受住强风的摧残。等风一停,它就会恢复原本的姿态。

那么,大家更倾向于哪一种呢?坚硬与柔软,大家想以哪种心态面对生活呢?

"就算你说我内心坚硬、脆性太高,可我这么多年都是坚持自我活过来的,现在怎么可能立刻改变?"

事实并非如此,我们的心态随时都能转变。正所谓"禅即行动",请从认同他人、倾听他人做起吧!你迈出去的那一步必定会带动下一步,而且,在一步步的前进中你会逐渐加速。

这是将附着于我们内心的"自我"一层层剥离的过程,是开始正视"在与他人的联系中生存"这一真理的过程。

> 自我的强度意味着内心的脆性。剥掉一层,内心就柔软一度。

没有完美的人,"想开了"就是完美

严以律人,宽以待己——或许很多人都是这样做的。职场上亦是如此,如果自己很擅长的事对方却做不好,我们就会很焦虑。

"到底什么时候才能做完啊?!我三十分钟就能搞定的事情,怎么你花了一个小时还没做好?"

等遇到自己不擅长的事情,我们又会对自己非常宽容,认为多花一点时间也情有可原。人,本就是自私的动物。

谁都有擅长和不擅长的事情,世上没有"十全十美"的人。这是非常浅显的道理,大家其实都明白,却时常忘记。因为对他人有太多要求,我们的内心才会焦躁不安。

　　尤其是向下属布置工作任务的领导，应该特别注意这一点。要做到这一点，前提条件是要对每一个部下擅长什么、不擅长什么一清二楚。

　　"小A比较擅长那部分工作，不太擅长这部分。要说谁比较擅长这部分工作的话，还是小B啊。"

　　类似这样，如果能在了解下属优劣势的基础上分配工作，团队的运行会更加顺畅。在下属心中，这样的人自然也是一个了解自己、值得信赖的上司。

　　如果不能如此，只是机械地分配工作，被分到自己不擅长的工作的下属，就会出现"劳苦而功不高"的情况。这样一来，领导也会焦虑、坐立难安。

　　这种上司在下属眼里会是一种什么样的形象呢？想必无须多说吧。

第二章
想开了，就是不纠结、不苛求

"我们科长啊，不知道他一个人在那里抓狂什么。既然把工作交代给我们了，就安心地放手，让我们去做就好了啊。真搞不明白他是没度量还是胆子小，真让人受不了。"

大多数情况下会是这种形象吧？不过，话说回来，确实会有不得不将一些工作分配给并不擅长该工作的下属的情况。但是，如果你在分配工作任务前就已充分了解下属在这方面能力比较薄弱的话，依然能保持沉着、冷静的姿态。

"小B的话，花费的时间长一点也在情理之中，就耐心一点，再多等等吧。"

就能像这般悠然自得，也能在一旁淡定地守候下属。

说到苛求完美，在男女关系上可谓体现得淋漓尽致。

比如夫妻之间，丈夫希望妻子温柔贤惠，对自己体贴入微……妻子则期待丈夫值得依靠，有包容心，有一定的经济实力，还要有智慧……当然，有期待、有要求是每个人的自由，但想必我们永远都无法找到那个能满足我们所有要求的人。

"不过度苛求"可能就是拥有和谐的男女关系（更准确地说，是建立和谐的人际关系）的精髓。江户时代的儒学家贝原益轩留下这样一句名言：

> "以圣人的标准要求自己，而不以圣人的标准衡量他人。以凡人的标准宽恕他人，而不以凡人的标准原谅自己。"

其大意就是要严于律己、宽以待人吧。关于这句名言，流传着一则有关原谅的小故事。有位年轻人一不小心将益轩非常爱惜的牡丹给折断了，益轩却说："种牡丹是为了寻开心，不是为了生气。"

第二章
想开了,就是不纠结、不苛求

我想,这或许就是让我们提高度量、值得我们倾听和学习的人生训示吧。宽以待人的根本在于"不苟求"。

> **只要不苟求他人,你就能沉下心来。**

以主动的心态面对所有事情

无论做什么事情,最重要的都是"专注"。但是,有的人很难专注地做一件事。或者说,事实是,很多人为了集中注意力而伤透了脑筋,即使专注于某件事情,也总是被其他事分散注意力。

举例来说,正在写企划书的时候,脑子里突然想到第二天的会议,心里不停地打鼓,时不时走神、开小差,担心"明天的发言会顺利吗?"。再比如,正忙于工作呢,突然想到了晚上的酒局,或者玩得正在兴头上,反倒想起了工作。这种情形应该很常见吧。如果我们心里一会儿想这,一会儿想那,老是"东张西望",自然无法集中注意力。

"饮茶吃饭"这句禅语教导我们喝茶的时候要专注在

第二章
想开了，就是不纠结、不苛求

饮茶这一件事上，吃饭的时候就专心吃饭。举一反三，工作时就专心干活儿，玩乐时就尽情地玩儿。能够达到这种状态的密钥在于要有主体意识。面对工作，大家有没有过这种想法：

"唉，怎么又被分配到这种活儿？太没意思了，可是又有什么办法呢，只能干啊。"

以这种心态工作的话，你内心深处就会有种"被迫做"的想法。这与"主动做"有着非常明显的差异。在"被迫做"的心态下，你会坐立不安、心神不宁，自然无法把注意力集中在工作上。

我们之所以会有"被迫做"的想法，是因为缺乏"这就应该由我来做"的意识。这种意识的缺失并不仅仅局限于工作层面。

有这样一句禅语："随处做主，立处皆真。"

其意思是，无论在什么地方、面对什么样的事物，只要以自我为主体拼尽全力去做，就能找到"真正的自己"。所谓"真正的自己"，或许可以解释为专注于某件事的自己、用尽全力生活的自己。

我们之所以会有"被迫做"的想法，是因为内心深处认为这是一份无聊的工作，没必要由自己来做，不是吗？但是，工作哪有什么无聊、有趣之分，更没有重要和不重要之分，至少我是这么认为的。

禅的修行也是多种多样的。准确地来说，行、住、坐、卧，一切都是修行。所以，我们要以同样的心态对待所有的事情。如果因为打坐是修行的中心就全心全意去做，而对叠被子、洗脸等敷衍了事的话，就不能称之为修行。对待所有事情都应该以自己为主体，主动去做。

让我们再次回到工作的话题。以复印资料为例，也许大家会想：这种事情谁做不都一样吗？这或许也是我们无法以自己为主体去做事的原因之一。但是，如果以一种"就算是简单的复印资料，也要想办法做好，留下我的痕迹"的心态去面对，会怎么样呢？答案是，你会动很多脑

第二章
想开了，就是不纠结、不苛求

筋、下很多功夫。这样一来，或许你就会开动脑筋思考：到底是用订书钉装订用起来更顺手，还是用夹子夹住更方便呢？

再或者，你会从阅读的方便程度考虑，产生根据左撇子和右撇子的不同习惯区分固定左侧还是固定右侧的想法。如此一来，复印好的资料就染上了你独特的色彩，不会千篇一律。这种时候，你就充分展现了自我。这就是以自我为主体完成的工作。

正是因为忽略了主体性，我们的内心才会变得浮躁、无法平静。正所谓"随处做主"，如果能保持这种心态，你就能做到泰然自若、坚定不移，并能随时随地保持极高的专注力。

以自我为主体对待事物时，必定能集中注意力。

拥有"一个人的时间"，
重新审视自己

据说，人都有"批判家"的一面。举例来说，下面这种情况可以说很常见。

"她的着装的确很时尚。但是，不觉得有点孩子气吗？年纪不小了，也该考虑像个大人了……"

我们往往会发挥敏锐的洞察力，像电子眼一般严格地审查同事和朋友的着装，并配上犀利的评价。类似的批评不仅仅限于外貌。

"所有的领导都很照顾他啊。不过，和领导走那

第二章
想开了,就是不纠结、不苛求

么近,他自己不觉得难受吗?他这种为人之道,怎么说呢……"

诸如此类,批评还会波及人生。可以说,有的人把他人之事看得清清楚楚,眼里却丝毫看不到自己。

我认为,审视自我的必要条件是拥有属于自己一个人的安静时间。请大家回想一下自己的日常生活,其中有没有属于你一个人的时间?

现代人每天都非常忙碌,似乎每天都在被时间追着跑。光是经营、维系工作关系和个人的社交就已经让人们感到很吃力了,根本没有时间一个人静静地回顾过去、畅想未来。

而且,现在每个人都通过社交媒体与某个人或某些人保持着各种各样的联系。或者说得更准确一些,只要与人失去联系,人们就会感到不安。因此,很多人晚上回到家也握着手机不放,一个劲儿地发消息、回消息,忙得不亦乐乎。

但是，社交媒体上的好友再多，其中能与你说心里话的人又有几个呢？这个问题或许只能凭想象回答了。我想，有两三个这样的朋友算是比较好的情况，但一个都没有的也绝不在少数吧。当然，也有人有一群这样的朋友。可是，在我看来，对人生而言，拥有属于自己一个人的时间远比拥有一个小团体意义更为重大。

禅语"七走一坐"的意思是走七步应该停一下，坐下来静静地审视自己。这句话或许可以说是在给被时间追赶、不停奔跑的现代人敲警钟。

倘若我们不停下来仔细地审视自己，就看不到自己这一路是如何走过来的，更看不到自己在朝着什么方向走。而且，我们也无法修正前进的速度，无法确认前进的方向。其结果就是迷失自我。所以，前进几步后要停下来回头审视一下。"一"字下面加一个"止"就是汉字"正"。也就是说，只有停下来重新审视自己，才能知道自己来时的路是否正确。

处在小团体中就好比浸在温水中，跳出来可能需

第二章
想开了，就是不纠结、不苛求

要一些魄力。但请一定拿出魄力，保持一颗"不在乎"的心。

> "我决定每周给自己留一天独处的时间，那一天不回复任何线上信息。"

如果你能发出这样的宣言就可以了。刚开始，朋友圈里的氛围可能会变得比较奇怪，或许会出现这样的声音："怎么回事，他怎么变得不好相处了？！"不过，没关系，这种声音不会持续太长时间，周围人慢慢地会认可你的这种生活方式。群体的"团结"拥有这种程度的宽容。

> "一个人只有独处时才是他自己。如果不喜欢独处，那么他肯定不热爱自由。因为唯有孤独无依时，他才享有真正的自由。"

这是德国哲学家亚瑟·叔本华的名言。请一个人独处，自由地、尽情地重新审视自己吧。

> 孤独即自由。经常审视自己，就可以保持一颗恬淡的心。

我们不一样，我们都很棒

我们每个人都有自己的观点和思维方式，价值观也因人而异。比如，对于生活的基础金钱，既有类似潇洒的江户人那般"今朝有酒今朝醉"、有多少钱就花多少钱的人，也有以"量入为出"为信条、秉持勤俭节约观念的人。

也许有人会觉得和价值观不同于自己的人相处很困难。之所以会产生这种感觉，是因为你想迎合对方的价值观。当对方的思维方式或看待事物的方式与你的不同时，虽然你内心深处在想"这不对吧"，却还是会附和道："是啊，是啊。"

对如此可悲的自己，你或许也有些失望吧。我们之所以想迎合对方，是因为内心的某个地方期待自己被看作"好人"，想成为对方眼中那个"通情达理的人"。

因为害怕受伤，我们压抑自己的情绪、扼杀自己的思想，迎合对方，和对方来往，也因此变得痛苦、可悲。

即便对方喜欢上你，那种好感也不是因真正的你而产生的，只是对那个迎合自己的假象所表示的善意而已。在这种状况下，即使两人亲密无间，我们也无法将其称为人与人之间真正的缘分和联结。

短小精悍的禅语"露"的意思是，没有任何隐藏，一切显露无遗。简单来说，就是展现"真实的自己""原原本本的自己"。当然，人际关系是多元的，或者说是复杂的。虽然我们不能如其字面意思那般完全袒露自己，但我想，至少我们可以不和"露"太过偏离，不遗忘原本的自己。这一点是非常重要的。

如果我们将自己看待事物的方式、思维方式和价值观的不同诚实地展现给对方，会如何呢？不过，要讲究表达方式和方法。

"我认为这种思路是不对的，难道不应该这样考

第二章
想开了,就是不纠结、不苛求

虑吗?"

"不不不,不是这样吧?不觉得这样有点太奇怪吗?"

像这样迎头而上直接反驳,是在将自己的看法、观点和价值观强加给对方,只会触怒对方。所以,首先要表达自己对对方的认可,这一点至关重要。

"你这种想法我能理解。不过,我的看法是这样的,可能和你的思路有些出入……"

人一旦被理解和认可就会感到开心,不仅不会对理解自己的人抱有反感和敌意,而且会试着去理解对方。在此基础上,一种既承认差异又能相互理解的关系就建立了。这是一种实事求是、没有遗忘本真而联系在一起的关系。

在这种关系中,双方会更容易理解彼此,也不会感到痛苦和可悲。如此一来,容易令人烦恼、耿耿于怀的人际关系将变得值得期待、令人享受。

诗人金子美玲的诗作《我和小鸟和铃铛》中有这样一句话："我们不一样，我们都很棒。"

从这句话中我们可以感受到建立和谐的人际关系的基石——一颗宽广而丰富的心。那么，就让我们从表达自己的不同做起，大胆地向前迈步吧！

> **不迎合他人，展现自己的不同！**

发掘优势,就能活出自己的色彩

上一章我们曾讨论过优势和劣势的话题。我想,也会有人"想保持自己的个性""想活出个人色彩"。至于怎样才能将这种想法变为现实,或许还有很多人并未找到答案。

线索就在我们的优势上。发挥长处、提升优势,这就是成为一个有自我色彩的人的方法。我曾听说过这样一个故事。

大仓酒店是日本具有代表性的著名酒店,据说过去那里有位迎宾员把酒店常客的样貌和姓名全部记在了脑子里。于是,每次开门时,他都会主动和客人打招呼。

"某某先生,感谢您的光临。"

"某某女士,好久不见,您过得还好吗?"

受到这般热情接待的客人会是什么样的心情,应该不难想象吧——"我不过是来住过几次酒店,竟然连我的名字都记得……"这样细致的问候肯定会让人心情愉悦并深受感动。从踏进酒店的瞬间开始,客人就如上帝般受到了热情的接待,心情肯定非常不错。

这位迎宾员因此在整个酒店行业都非常有名。他通过发挥和提升自己在记忆客人样貌和姓名方面的优势,让他人无法企及,从而活出了自己的"个性"。

如果擅长接待工作,那么不断精进、将其做到极致如何?什么样的行为能够让对方心情愉悦?怎样表达才能准确地将自己的想法传递给对方?哪种倾听方式才能激发对方的表达欲……看起来有很多地方需要提升。

"和她交谈的时候,不知怎的心情就会变平和。这种人真的很少见啊。"

第二章
想开了,就是不纠结、不苛求

如果周围的人给出这种反馈,正是其"个性"所闪耀出的光辉。大家不这么觉得吗?

可能也不乏下面这种人吧。

"我还不知道自己的长处是什么呢。更关键的是,优点、长处这种东西,我有吗……"

应该也有这种没找到自己的长处是什么的人吧?倘若真是如此,那就回想一下自己孩童时代喜欢什么、热衷什么。

"这样说来,我小时候总爱画画。"

这就说明你喜欢画画。既然喜欢画画,那你在这方面应该比较擅长,肯定也有提升的空间。那么,你就可以多练习绘画。等到送贺年卡、时令问候、感谢信和请柬时,你就可以寄送手绘卡片了。

如此一来，在那个收到手绘卡片的人的印象中，经常寄手绘卡片的你肯定很特别。

"过去特别爱看足球赛，还老是从教练的角度思考该如何调动运动员的积极性。"

倘若你的童年是这样度过的，或许你会对"动员他人"产生兴趣，并就此发掘自己的优势。如果再进行一些这方面的学习，你就能作为团队领导发挥自己独特的优势。

如果能充分了解自己的长处和优势，你就能拥有真正的自信，活出自己的色彩。这与培养"内心强大的自己"密不可分。

> **只要提升优势，就能拥有自信。**

即使面对烦恼，也心怀感激

人在感到烦恼时总会想到"为什么只有我……"。举例来说，就像这样：

"为什么只有我为这些小事苦恼呢？他怎么就能满不在乎，看起来无忧无虑呢？真想拥有像他那样'想得开'的心态……"

这个世上根本不存在没有烦恼的人。会感到烦恼，正是我们还活着的证明。即便对方看起来满不在乎，也不代表其烦恼比你的少，或许比你的更多、更复杂。

要说你们有什么不同，那或许就是与烦恼的相处之道了。

禅语"知足"道出了其中的奥秘。

顾名思义,"知足"的意思就是"知道满足"。

佛陀曾这样说道:"知足之人,虽卧于大地,而安逸自得。"

这句话的意思是,知道满足的人即使过着睡在地上的生活,也能体会到安逸和幸福。或许可以说,所谓知足,就是无论身处何种境地,都能以感恩之心接受一切。

当然,身处困境的确是一件令人很痛苦的事情。但是,如果我们能转变思路,认为"困难的存在是为了让我们克服它,从而有所成长",又会如何呢?

如此一来,你就不会被困难所左右,反倒会将困难看作一次试炼,一次让自己成长、进步的机遇,不是吗?有了机遇,不就是一件值得感谢的事情吗?如果我们能抓住这次机遇,难道不是一件令人开心的事情吗?

面对烦恼无动于衷、满不在乎的人,肯定是以这种心态接受了烦恼。正所谓"有山有谷才是人生",没有哪个人的人生是一直站在山顶上的。

第二章
想开了,就是不纠结、不苛求

假如真有人有这样的人生,那个人能体会到真正的喜悦和感动吗?我想,如果每天眼前都是从山顶看到的绝美景色,他心里肯定会想:"什么嘛,怎么都是千篇一律!"这样一来,他就无法真正体会人生的美好了。

若靠着自己的双脚从低洼的山谷一步步地拼命往上爬,那么每向上一点,你眼前的景色都会有所不同:山麓有山麓的风采,山腰有山腰的秀丽。

只有这样一边感受不同的风景一边向上攀登,然后享受山顶的绝美景色,我们才会感受到非凡的景色所带来的快乐,内心才会涌现余味悠长的感动。

人生路上的境遇,无论多么窘迫,都是无法绕行、难以逃避的。即使钻进了烦恼的死胡同,也不是抱怨的时候。

"哎呀,这次'机会'很棘手啊。不过,还是要心怀感恩。越过了这一关,不知道能变成什么样的自己,真令人期待啊。"

没错，这时你应该做好攀登的准备，然后一边尽情享受其中的苦痛和乐趣，一边奋力向上攀登。

> "想得开"之人，即便面对烦恼，也会心怀感激。

重视自己的人生，"任性"一点也无妨

不知道大家周围有没有这种"人气王"：

"他（她）真是个不错的人。无论什么时候联系他，他都会出来。"

总有那种不管是酒局还是什么聚会都"有呼必应"的人。他们的谦和、善于交际，或许是他们受欢迎的原因。但是，他们内心的真实想法可能是"要是拒绝邀请就太抱歉了""如果不回应的话会被嫌弃吧"。我想，他们内心肯定会有类似的不安和恐惧。

想必有类似情况的人不在少数。尽管与自己的意愿相违背，却没有拒绝对方。这或许是在为对方考虑，也可能

是性格使然，心太软。所以，我们因此而浪费掉的时间亦可以称为被他人夺走的时间。

不仅如此，周围人口中的"好人"其实也是种很暧昧的说法。这么说可能听起来有些刺耳，但"好人"并不具备强大的人格魅力。对周围的人来说，这种"好人"不过是个如便利贴一般方便的存在。说得更直白一些，所谓的"好人"，不就是容易支使、利用的人吗？

众所周知，每个人的时间都是有限的。所以，我们不能因为他人而浪费自己宝贵的时间，自己才是自己的时间的"主人公"。只有秉持这样的想法，我们才能有效利用自己的时间。顺便说一下，"主人公"也是一句禅语。

这句禅语的意思是要以自己为主体，换种更温和的说法就是，应遵从本真的、自我的行为方式。

关于时间，赵州从谂禅师曾这样说道："汝被十二时辰使，老僧使得十二时辰。"

这是某位僧人拜访赵州禅师时提出"十二时中，如何用心？"的问题后，赵州禅师所给出的回答。其意思是，

第二章
想开了,就是不纠结、不苛求

众人皆为时间所用,我却能反其道而行之,让时间为我所用。这不正是在以主人公的身份面对时间吗?或者可以说,这是一种既没有被时间所左右也没有被时间所追赶,而是在时间中切身感受生活的姿态。

> "我也在百分之百地利用时间啊!你看这张计划表,不是填得密密麻麻的吗?"

可能也会有这种手账和手机的日程表上计划排得满满当当的人吧。但是,仔细一看,那些计划全都是和朋友嬉闹玩耍的聚会。这和开篇提到的"人气王"又有什么区别?

当然,我并不是说嬉闹玩耍是坏事,只是想强调张弛有度地利用时间是至关重要的。请重视自己的人生,静下心来认真思考一下自己现在能做什么、该做什么,然后将时间优先花费在这些事情上。

"人气王"的称号也好,"便利贴"的招牌也好,对自己来说并没有什么帮助。为了自己,再"任性"一点不好吗?

至于要做什么,因人而异。比如,为了将来能够独立,可以考取从业资格证或者进行必要的学习;为了提高自己的眼界可以多读读书,或者多接触绘画、音乐等高雅的艺术。

诸如此类,以自己为主人公有效地充分利用时间,将成为我们实现自我人生价值的推动力。这一点想必已无须多言。

> 不被时间所驱使,成为时间的"主人公",有效地充分利用时间。

放下金钱和名利,更容易加深关系

有一个词叫"肝胆相照"。请大家回想一下那些能够和自己真正推心置腹地互相倾诉的朋友,抑或与自己心灵相通的朋友。至于你们是何时相遇的,又是何时成为真正的朋友的,想必情况各不相同。但是,这种关系中有一点应该是非常确定的。

那就是你们之间没有任何利害关系。

"和他搞好关系肯定会有好事发生。"
"和他成为朋友的话,买任何东西都有人买单。"

丝毫没有这种想法,单纯因为欣赏这个人,抑或能聊得来,才与其成为朋友——或许,这才是友情原本的样子。

一旦踏入社会,这种友情是很难建立的。我们的朋友更多是通过工作结识的,因此我们不可避免地与对方存在某种利害关系。

"他年纪轻轻就当上了部长。多和他来往,肯定对日后的工作有帮助。"

"企业家的独生女啊,和她搞好关系应该会有点甜头吧。"

"不愧是名人,人脉真广。得想办法和他走得近一点……"

类似这样,在和对方建立关系时,我们往往会考虑其对自己是否有利等因素。说得更直白一些,认为对方对自己有利、自己能从中受益时,我们就会主动靠近;反之,若深思熟虑后觉得和对方成为朋友对自己无益,甚至自己的利益可能受损时,我们就会避而远之。

第二章
想开了，就是不纠结、不苛求

在这种想法的驱使下，两个人是无法成为朋友的。一旦工作上没有了交集，关系自然就会疏远。工作关系画上了句号，缘分也就此终结。

当然，进入社会之后的交往也有可能发展为朋友关系，比如通过业余爱好或运动结识的朋友，即所谓的"同道中人"。这种关系中没有掺杂地位、名誉、头衔抑或资产等要素，是心与心的结合，双方会发自内心地形成融洽、和谐的关系。在建立了朋友关系之后得知对方的地位和头衔的话，也有人会发出类似"啊，没想到你这么厉害！"的感叹。

> "通过工作认识的人里，也有那种散发着人格魅力的人。虽然很想在工作之余也能和他们保持联络，但如果对方的头衔、职位很高的话，不自觉地就退缩了。"

的确，这种情况也是有的。即使你们是通过工作相识的，对方也可能成为你今后的人生导师。要想和这种人加深关系，就需要有开放的心态。

对方的地位和职位肯定不是从天上掉下来的。只有坚持不懈地努力和奋斗，克服重重难关，才有对方的现在。

"有空的话，我想听社长讲讲这一路走来的故事，让我多学习学习。"

找到合适的时机，试着提出这样的请求。这的确需要一定的胆量，但是没关系，这种坦率的方式是对方欢迎的、认为值得鼓励的。以工作为目的和其套近乎的人可以说比比皆是，但因为人格魅力而主动靠近他/她的人应该很少见。这就意味着对方接受、认可你的可能性是极高的。

事实上，尽管年龄相差甚远，双方可能相当于父子，甚至是爷孙，但依旧能够成为挚友的例子也是存在的。

这种关系的出发点并不是对方现在的地位、职位……

第二章
想开了,就是不纠结、不苛求

而是关注到了对方走到现在这个位置的过程(历程、辛苦、经验……)。如此一来,你就不会畏惧对方,自然能保持开放的心态。

> 要想和"大人物"成为朋友,就要关注其一路走来的过程,而不是其现有地位。

第三章

想得开的人
都善于转变心态

"扫除"或许是转换心情最快捷的方法

有这么一种人,他们一旦陷入沮丧情绪或心情低落、难过,就很难从中抽离出来。工作中出现失误、人际交往不顺利、言语伤害了他人……遇到类似的情况,这些事情总是萦绕在他们心头,令他们无法转换心情。

当然,谁都会有沮丧、失落的时候。但是,善于转变情绪的人很清楚,一直郁闷、难受没有任何意义。他们会将这些事情作为转换心情的原动力。

"出现失误真的太糟糕了。为了不让同样的失误再次出现,搞清楚真正的原因是极为重要的。"

他们会将别人因犯错而懊悔、苦恼的时间用来剖析失误的原因。正是因为有了这种积极的行动,他们的情绪才会得到转变。

如果人际关系不和谐,就去思考如何改善它;如果伤害了别人,就仔细地回想一下事情为什么会发展到这个地步。

"原来是我在有意回避对方啊,以后试着由我主动开口吧。"

"因为自己不经思考想到什么就说什么,才伤害到了对方啊。看来以后要好好斟酌用词了。"

这样思考的时候,你的心情已经转变了。那些很快就能振作起来、遇事想得开的人,正是在沮丧、失落的时候能够如此应对的人。我想,这也可以被称为一种习惯。

"起初,我们培养习惯;后来,习惯塑造我们。"

这是英国诗人、文学批评家、剧作家约翰·德莱顿的名言。只要我们努力实践上文提到的应对方法,坚持如

第三章
想得开的人都善于转变心态

此,我们就会在不知不觉中形成习惯,成为很快就能从负面情绪中振作起来的人,成为"想得开"的人。

或许有人会说,习惯不可能突然改变。这种时候,请大家试着活动活动身体吧。

禅的思维方式提倡人们在沮丧、失落时做些活动身体的运动。其中,排在第一位的正是"扫除"。拼命地活动身体时,人就不会胡思乱想了。

而且,做了大扫除,周围的空间会变得干净、整洁。我想大家也有过相同的经历:待在干净、整洁的环境里,心情会变得舒畅、愉悦很多。这样一来,郁结的情绪和沮丧的心情也会被"扫除"一空。

"一扫除,二信心。"

对于求佛之人来说,信心是不可或缺的东西,也是最基本的东西。但是,禅将"扫除"放在了"信心"的前面。这是因为从禅的角度来看,"扫除"不单单是拂去、清理所处环境中的灰尘,更是拂去自己内心的尘埃、锤炼自己的内心。

"扫除"的意义远比大家想象的更加深刻。

一旦你感到沮丧、失落,立马就去做大扫除吧。这或许是转换心情的最快捷之法。

只要你将这种禅的方法和前面提到的应对方法形成习惯,就能保证应对负面情绪的措施万无一失、滴水不漏。

> **尽可能让身体动起来,你就不会胡思乱想了。**

不要将烦心事拖到第二天

人们每天都会经历各种各样的事情。其中既有让人情绪高涨、心情愉悦的事，也有令人痛苦、给人留下不美好回忆的事。要说哪种事情会长时间地让我们惦记、挂念的话，想必是后者。

工作上的客户蛮横无理，被朋友的话伤害，和恋人吵架……这些情形和境况在人们心中形成一个巨大的旋涡，让人深陷郁闷、烦躁的情绪中无法自拔，有时甚至让人彻夜难眠。

但是，深陷郁闷、难过的情绪，胡思乱想，就能让那些使你产生负面情绪的事情不复存在吗？答案必然是否定的。这样做不仅不会让这些事情消失，反而会让这些情绪始终占据你的内心，从而使你无法迈出前进的步伐，无法转变心态。

因聪慧机智而闻名的一休和尚（一休宗纯禅师）身上曾发生过这样一段故事，一直流传至今。

有一天，一休和尚带着弟子上街。两人经过一家烤鳗鱼店时，鳗鱼的香味飘到了大街上。一休和尚不禁嘀咕道："嗯，真香啊。"

回到寺庙后，弟子找到一休和尚问道："师父，刚才鳗鱼的香味飘散时，您说了句'真香啊'。求佛之人这样说真的合适吗？是不是有些不合适呢？"

"哎，你怎么还对鳗鱼念念不忘呢？我早就把'真香啊'的念头丢在鳗鱼店门前了。"一休和尚漫不经心地回答道。

闻到鳗鱼香味的瞬间发出"真香啊"的感叹，是很自然的反应。但是，如果你一直被这个念头牵制，就会萌生"没能吃到香味如此浓郁的鳗鱼饭，真的太遗憾了""真想尝一尝"的惋惜，总有些意难平。

要是我们能在萌生某个念头的时候将它留在当时那个情境里，就能保持一种平和的心态。一休和尚想表达的大

第三章
想得开的人都善于转变心态

概就是这个意思。

大家不觉得这个故事给予了我们一些启发吗？在某个瞬间感觉"好烦啊"是情理之中的事，有这种情绪是正常现象。重要的是，要把这些情绪和念头留在当时的情境中，当场与这些情绪"一刀两断"。

如果能及时切断那些念头和情绪，我们就能形成一种积极的心态，也就能迈出前进的步伐了。举例来说，即便客户蛮横无理，你也能像下面这样思考：

"我以后可不能以这种态度对待工作伙伴啊。"

这样一来，原本使人不快的事情就能成为自己的前车之鉴，从而让我们在人生道路上有所成长。

如果因为朋友的话感到委屈、难过的话，你应该调整心态，将自己的感受坦诚地告诉他。我想，如此一来，正常情况下你与朋友的关系会变得更加牢固，友情也会变得更加深厚。

和恋人吵架也一样，不能只停留在"好烦""好讨厌"

这些情绪化的表达上,而应该剖析背后的原因。如果错在自己的话,第二天主动说一句"对不起",让争吵成为拉近彼此关系的契机或踏板。

"你说的我都懂,可我是那种'能拖一天算一天'的人。"

或许也有这种人吧。如果是这样的话,那就将注意力集中在"当下"如何呢?除了一直闷闷不乐,有没有什么是你现在立马就能做的事呢?

肯定有一些你当下立马就能完成的事情,它们能帮助我们将今天令人不悦的经历转化为前车之鉴。我们应该思考这些并付诸行动。如果能将注意力转移到那些事情上,我们自然就无暇郁闷、难过了。

> **将负面情绪留在当时的情境中。**

计较得失会让人的心胸变狭窄

人在想做某件事情的时候,内心深处的某个角落总会在计算得失。在职场上,会考虑做这份工作有没有什么好处;在社交上,会考虑和这个人来往有什么得与失,诸如此类。

得失心是人类的本能,即便知道"将得失置之度外是一种高尚品质"也无济于事。不过,得失心是可以克服和超越的。

比如,假设上司给你和同事都指派了工作任务。如果分给同事的是能取得明确的成果、容易获得认可的工作,而分给你的怎么看都是比较偏向于幕后、很难获得认可和奖励的工作,这时你可能就会产生这种想法:"总感觉吃亏了啊。要是能互换一下工作内容就好了……"

这就是得失心在作祟，认为同事能从分配到的工作中受益，自己的工作则吃力不讨好。如果一个人一直羡慕受益的同事、悲叹吃亏的自己，不停地计较得失，其工作状态不言而喻。

面对自认为吃亏的工作，人怎么可能投入热情？虽然不至于消极怠工，但多少会敷衍了事吧。与此同时，在同事面前我们会觉得很受挫败，从而变得自卑。

其实，即便你认为自己吃亏了，这份工作能落到你的头上也是一种"缘分"。禅最珍惜这种缘分。接纳并享受这种缘分，正是禅的思维方式。

以工作为例，所谓的"接纳并享受这种缘分"，或许就是尽全力去完成工作。如果能够这样做，就没有什么得失之说了，也可以说超越了得失。

如果脑海里总想着自己吃亏了，工作就会变得索然无味，自然就感受不到其中的乐趣了。幕府末期著名的长州藩士、建立奇兵队的高杉晋作创作了这样一首和歌：

第三章
想得开的人都善于转变心态

"度无趣之生，行有趣之事；人生在世无定法，有趣无趣凭心性。"

其前半部分由高杉先生所作，后半部分"人生在世无定法，有趣无趣凭心性"则是由在病床前悉心照料高杉先生的女流歌人野村望东尼所作的。

这首和歌的意思是，即便身处这个诸事无趣的世界，仍旧可以凭借调整心态有趣地活着。

工作本质上并没有无趣和有趣之分，使其变得无趣的是我们，能带着兴趣去做的也是我们。

接纳并享受缘分——只考虑这一点会如何呢？如果你能拼尽全力去做，就能从那份工作中找寻到乐趣。大家周围想必也有那种愉快地工作、享受工作的人吧。

那并不是因为他们从事的是有趣、好玩儿的工作，而是因为他们在全力以赴，所以才给我们留下这种印象。

人际交往亦是如此。正是在缘分的指引下我们才能相识，所以要带着百分之百的诚意去沟通和交流，只有这样才能实现心与心的沟通并建立良好的人际关系。这种关系与在计较得失中建立的关系完全不同。

拘泥于得失,人的心胸就会变狭隘。因此,你会在意同事的工作表现,会因同事受到的评价与奖励而焦躁不安。一旦摒弃得失心,你的内心就会变得舒畅、平和。这样一来,无论是工作还是社交,你都能豁达地面对。

所以,请一定珍惜缘分、享受缘分。

> 接纳并享受落在你身上的缘分,你就能摒弃得失心。

无论身处何种境地，
都要努力"化不利为有利"

在身处逆境、进退维谷时，人一贯倾向于向外寻找原因。比如，如果感觉自己总在被迫做一些不讨好的工作，就会发出类似的抱怨：

"科长是不是把我当作眼中钉、肉中刺了？都怪他，我现在整天只能干这些活儿！"

这或许就是将自己的不幸"归罪于世界"的典型事例。这未免太窝囊了。无论是逆境，还是令人痛苦的立场，能够改变这一切的只有你自己。

若只会怨天尤人，情况不会有任何改变。大家有没有想过，我们身处的环境有可能对我们来说已是最有利的，一切都是最好的安排？我猜，大家肯定没这样想过。

既然有有利条件和境遇，肯定就有不利条件。思考如何才能将不利条件转变为有利条件，才是禅的思维方式。

在设计"禅庭"的过程中，我也遇到过提案不被客户认可的情况。但是，我绝不会有"客户什么都不懂，全怪他"的想法。那我会怎么想呢？

> "我应该做一个精细的成品模型，想办法让客户理解我想表达的是什么。好，就这么定了，一定要从客户口中得到'真不错'的评价。到了造园的时候，我要更加努力，一定要让客户发出'太棒了！没想到做出来效果这么好'的感叹。"

这就是我的做事风格。可能我形容得不是非常恰当，但我认为这种"破釜沉舟"的心态是很关键的。它将成为

第三章
想得开的人都善于转变心态

变不利条件为有利条件的推动力。

如果你能以这种心态对待上司指派的、你自认为并不讨好的任务,工作成果必定是另一番模样,甚至可能非常好,远超上司的期待。

"完成度这么高啊,太让我意外了。"

即便上司嘴上没有这样说,只要他能看出一点这种苗头,就说明你"赢了"。这必定会成为转变你和上司的关系的重要契机。

"那个人很能干啊。看来下次可以把更重要的项目交给他来做。"

这种可能性也是存在的吧。如此一来,你的考核分数肯定也会有所提高。这和埋怨上司、干活儿磨蹭所取得的结果可以说是天差地别。事实上,人际关系亦是如此。

> "因为她不理解我,我们才变成这样的。我们的关系变得这么别扭,都是她的错。"

如果你这样想,你们的关系不会有任何改善,只会变得更糟。除非凭借"破釜沉舟"的精神想尽一切办法获得她的理解,否则破裂的关系将无法修复。

但是,努力让对方理解自己并不意味着去讨好对方,也不是让你去阿谀奉承,而是在保持真实自我的同时尽力将不利条件转化为有利条件。

从这个角度来看,我想也可以称之为一种脚踏实地、坚定不移的行动。内心脆弱的人是做不到这一点的,它需要"破釜沉舟"的精神和强大的心理支撑。

无论你身处何种境地,都要将"化不利为有利"的禅的思维方式铭记在心。只要以此为出发点,就没有改变不了的情况。这种思维方式是培养"想得开"心态的起点,

第三章
想得开的人都善于转变心态

我是这样认为的。

> 有了"化不利为有利"的禅的思维方式,任何情况都能被改变。

不找借口，用行动解决问题

有这么一句俗语："笨人无良策。"它原本指下围棋和将棋时，笨人（棋艺不佳的人）再怎么冥思苦想，也想不出一步好棋，不过是在浪费时间而已。

面对烦恼，也是同样的道理。有些人即便愁肠百结，也找不到任何解决之策。不仅如此，烦恼还会像毛线球一样越扯越乱。打个比方，假设你感觉与公司领导的关系不是很融洽，为此万般苦恼。

"科长是不是对我有意见啊？"

一旦你开始为此苦恼，这个念头就止不住了。一个烦恼会招来更多的烦恼。

第三章
想得开的人都善于转变心态

"怎么可能给自己并不看好的人分配什么好的工作任务呢？事已至此，估计我的职业生涯不会有什么大的进步了。"

"不不不，有可能突然某一天我就会被告知'你被开除了'。这年头要是丢了饭碗，拿什么维持生计啊……"

诸如此类，烦恼甚至会演变为关乎生死的致命问题。但是，实际上你不过是和上司的关系不太融洽而已，而且这仅仅是你自己的"感觉"，上司真实的想法是什么还是个未知数。

我们需要做的就是脚踏实地地行动起来。比如，向关系比较亲近的前辈或同事开诚布公地说出自己的感觉。

"总感觉科长和我的关系不太和谐，科长是不是对我有意见啊？"

正所谓"当局者迷,旁观者清"。比起当事人,身处事件之外的第三方更能看清事实的真相。究竟你和上司的关系如何,从前辈或同事那里寻求答案具有重大意义。

"没觉得你们的关系有什么问题啊。我感觉科长对你和对其他人没什么差别啊。你说科长对你有意见,八成是你想多了。"

如果从第三方那里得到这样的答案,想必事实就是如此。如果因为某种机缘巧合,误以为别人"对你有成见"的话,这种想法很有可能会转变成偏见。人一旦有了偏见,不管遇到什么事,都会第一时间将原因归结为"对方对我有意见"。比如,经常被要求加班,是因为"对我有意见";企划书交上去后迟迟没有收到反馈,是因为"对我有意见"……

如能听取第三方的客观意见,我们就能排除这种偏见。

第三章
想得开的人都善于转变心态

"万一第三方的答案是'他/她的确对你有意见'的话可怎么办？我就害怕得到这种答案……"

当然，这种情况也是有可能出现的。如果事实如此的话，那我们也只能接受，然后以此为起点进行改进。和上司约个时间，向其仔细询问自己对待工作的态度是不是有问题、实际的工作方法有没有不妥，等等。这也是改进的方法之一。

不管怎样，只要行动就会得到某种结果，然后针对结果去想应对之策即可。

著名的精神科医生、随笔作家斋藤茂太先生说过这样一句话："用'但是……'原谅自己的话，人生就会一点点地向后退步。总把'但是……'挂在嘴边的人，只会变成事后诸葛亮，心想'当时要是去做就好了'。"

"但是……"是不作为的借口，不如彻底放弃使用这个借口。如此一来，你肯定能成为行动派，跳出烦恼本身，以解决问题为目标向前迈进。

"但是……"不会让事情有任何改变。不要想太多,大胆地行动起来就能找到解决之策。

"想得开"之人会准备方案B

我们在工作中会遇到各种各样需要谈判的事情。当然，在进行谈判之前，我们肯定会制订相应的策略。但是，谈判是有对手才能成立的，所以无论我们前期制订的策略或谈判方法多么缜密，都不可能完全奏效。

事与愿违的情况随时都有可能发生。我想，面对这种情况，既有垂头丧气夹着尾巴逃走的人，也有继续坚持博弈的"想得开"的人。

事实上，这种人有一个应对这种情况的秘诀。这个秘诀就是准备"方案B"，即事先在心里想好备用的方案。如果你只有方案 A，当对方面露难色，表示"这个方案，我们可能很难接受"时，你就会无计可施，只能弃权退出。但是，如果你准备了一个思路和方向都有所不同的方案B的话，遇到这种情况你就能胸有成竹地应对了。

我在做"禅庭"的设计方案时，也会要求自己一定要准备方案B。当然，在设计的时候，我会尽可能地吸收自己和客户沟通的内容以及客户的需求，并将其体现到方案中。但是，即便如此，还是会出现"这里和我想的还是有点出入啊"的情况。

在这种情况下，我们就可以提出方案B。如此一来，事情就会有所进展，最终达成共识的例子并不少见。比如：

> "对于方案A，我们整体上还是比较满意的。不过，还是希望能把这部分按照方案B进行修改。请根据这个意见继续推进吧。"

要想只凭一个方案死扛到底，对方就会有压迫感。有压迫就会有反抗，因此对方最终提出"请推翻重来"的意见也是极有可能的。

这种意见在商务谈判中就等同于"请回到起点"。这

第三章
想得开的人都善于转变心态

意味着之前所有的沟通和努力将全部化为泡影，可以说是最糟糕的局面。这样一来，你就不能继续博弈了。反之，如果准备了方案B，你就能更从容地谈判了。

若想制订一个可行的方案 B，关键在于前期沟通阶段要尽可能多地听取对方的意见。

人们通常认为，在谈判和营销中，最重要的是表达能力，但事实并非如此。比口才、表达能力更重要的是倾听的能力。在听对方表达的过程中，引导对方表达出真正的需求和意愿，才是决定胜负的关键。

事实上，无论是擅长谈判的人，还是优秀的销售人员，无一例外都是擅长倾听的人。和对方沟通、交流时，他们大部分时间都在听对方表达。口若悬河、密集地输出各种销售技巧、自顾自滔滔不绝的人，很难抓住对方的核心需求，更不会做出成绩。

想必正在翻阅本书的读者中也有自认为不善于表达，并因此对谈判和营销心生恐惧的人。这是一个很大的误解，必须立刻改变这种认识。倾听，才是最强大的"武器"。

禅语"清寥寥，白的的"指人内心纯粹、透明澄澈、无欲恬淡的状态。在倾听对方表达的过程中，我们最需要的正是这种心态。请先将"一定要顺利完成谈判""必须把商品卖出去"之类的"欲望"从心里剔除，竭尽全力去倾听对方究竟想要什么吧。

如此一来，我们应该就可以做到不放过任何一个细节、准确地把握对方的需求了。接下来要做的就是按照对方的需求准备好方案A和方案B。带着两种方案进行谈判的话，我们自然会变得镇定、从容，从而能沉着地与对方博弈。

> 制订方案B时，最核心的能力是"倾听"。

深呼吸让我们内心更平静

大家应该或多或少都有过高度紧张的经历吧。工作上重要项目的谈判、演讲、和重要客户的初次会面……诸如此类，可以说是极具代表性的让人高度紧张的场景。

如果将视线转移到个人生活上，可能我们脑海中浮现的是一些和喜事相关的情境，比如第一次约会、求婚、第一次拜访未婚妻的家人、婚礼上的演讲等。公认的抗压能力弱的人，在这种场合或许会胆战心惊、惴惴不安。

我想，大家在紧张时都会努力缓解紧张、平静内心。

不管怎么说，缓解紧张的最佳方法是"深呼吸"。打坐时所采用的"丹田呼吸法"（详细内容参见第210页）应该是帮助人们调整心态的最有效方法了。过去这些年，我有幸每年都有机会在国内外做演讲，通过日本放送协会

（NHK）参加电视节目的机会也变多了。其中，让我印象最深刻的是我第一次登台演讲时的情形。

尽管我有过在葬礼等场合向到场众人讲佛法的经历，但上台演讲还是初次体验。当时，我整个人非常紧张，连心脏跳动的咚咚声都能听得一清二楚。就在这时，我内心深处出现了一个声音："深呼吸。深呼吸。"

原来，由于紧张，我的呼吸变成了短浅的胸式呼吸。我立刻当场改为丹田式呼吸。反复进行几次深且长的丹田式呼吸后，我的肩膀自然地放松了，内心也平静了许多。紧接着，我怀着一颗平常心登上了演讲台。

在紧张、焦虑和怯场时，人的呼吸就会变为短浅的胸式呼吸。这时候，通过有意识地将其转化为丹田式呼吸，即可调整心态、找回平静。

坐禅的三要素为"调身""调息""调心"，即依次调整好姿势、呼吸和内心。这三个要素紧密地联系在一起，通过调整姿势，呼吸也随即得到调整，心情自然会平复。

用丹田呼吸，首先要抬头、挺胸、收腹。没有这个姿

第三章
想得开的人都善于转变心态

势,人就无法保持深且长的呼吸。丹田位于我们肚脐下方二寸五分(约7.5厘米)处。

然后,有意识地缓缓地将丹田里的气全部呼出,紧接着空气自然会进入丹田,不用有意识地吸气,同呼气时一样,缓慢地让空气进入丹田即可。

紧张的时候,虽然我们想静下心来,但因为看不见自己的心,我们会不知所措。我们没办法直接给自己的心做思想工作。不过,我们可以靠自己的意志调整姿势。当然,呼吸也一样。

通过调整姿势和呼吸,我们就可以调整好心态、保持冷静。我想,姿势、呼吸与心态之间的关系,是祖师们在不断进行禅修的过程中发现的。安静地坐着进行丹田式呼吸的话,人的内心就能保持澄澈与平静。想必祖师们应该亲身体验过其效用。

可能的话,请试着养成清晨打开窗户呼吸新鲜空气、反复进行几次丹田式呼吸的习惯。这样你就能以一颗平静的心开始新的一天,身体也能记住丹田式呼吸的诀窍,从而达到任何时候都能立刻转换呼吸方法的状态。

这正是在以禅的智慧生活。情绪紧张、心乱如麻时，请拿出禅的智慧，找回沉着冷静的平常心。

> 深呼吸，让你的心沉淀下来。

进可攻,退可守——
在职场中保持社交距离

最让人头疼的人际关系之一,想必正是公司里的人际交往。在日本人的辞职理由中,排在前几位的一般都与无法忍受公司里的人际关系相关。或许,这从侧面证明了上述观点。

公司里的人际关系是不能选择的,即使你不喜欢对方,觉得你们的性格合不来,也不可能不与对方打交道。有时,这会成为一种压力。在我看来,这其中的奥秘在于保持距离的方法。

"如果对方是我的上司,那只能我去迎合对方了吧?给领导留下好印象的话,工作开展起来会方便许多……"

这可能是最简单的应对之法了。上司也是人,从不顶撞、说什么都乖乖听从的部下,在领导面前可能确实比较吃得开。但是,迎合上司的一方会是什么样的感受呢?

被迫压抑情绪,甚至可能变得郁郁寡欢、闷闷不乐,并长期被这种精神状态所折磨……迎合他人所付出的代价并不小。

在这种情况下,直接果断地向上司说出自己的想法会怎么样呢?如果能以这样的魄力直接面对,想必上司也会接受的。

通过推心置腹地沟通、交流,让"不喜欢""谈不来"这种情况得以改善的例子其实很常见。

另外,还有这样一种思路:公司里的人际关系究竟为何物呢?无论是上司还是下属,做出工作成果才是最重要的,不是吗?既然如此,那么只要思考在自己的位置上如何才能达到这一目的不就可以了吗?

第三章
想得开的人都善于转变心态

性格上的不和、反感，都是排在第二位的。只要不是对员工进行职权骚扰、精神暴力的上司，面对兢兢业业完成自己工作的部下，即便双方性格不合，上司也不会有意刁难。

退一万步讲，即使真的遇到这样的上司，周围的人——当然也包括公司的高层——肯定都将这些看在眼里。总有一天，这样的上司会遭受责难，职务与颜面尽失。

"悟无好恶"的意思是，如果能原原本本地接受、认可事物本来的样子，就不会有喜欢和厌恶之分。我们之所以会感觉某人"好讨厌""聊不来"，是因为代入了自己的意图，比如产生了"如果他是这种性格的话就好了""要是他能这么做就好了"之类的想法。

但是，我们怎么可能让别人变成自己所期望的样子呢？既然如此，不如原原本本地接受、认可对方。这样再轻松不过了，不是吗？

"每次都爱说风凉话，他这个人就是这样。"

"无论对什么事,他的看法都很偏执,他原本就是这样子。"

一旦我们接受、认可了对方,自然就能掌握与其保持距离的方法。既可以不用太过疏远对方,在旁边观察,将其当作反面教材,也可以离对方远远的,只在工作需要时打交道。

当然,这样做的大前提是,要尽全力做好自己该做的事情。

只要和对方交往时有自己的距离感,就能做到不可动摇。我想,社交中的"想得开"应该就是这样的吧。

> 如果能接受、认可对方本来的样子,就不会有喜欢和厌恶之分。

不是什么年龄做什么事，而是要活出自我

在我看来，步入老年后，人与人之间会出现很大差别。有的人会像凋谢的花朵一样慢慢枯萎，有的人年龄越大活得越洒脱。这两种人的差别应该是对"变老"和"该如何老去"的看法不同。

前者对"变老"极其敏感，任何一个小细节都会让他们十分介意。

"哎呀，怎么多了这么多皱纹？！皮肤也不像年轻时那么有光泽、有弹性了……还是老了啊！"

"这突出的肚子怎么不见下去啊，是因为上了年纪的缘故吗？"

诸如此类，无论遇到什么事情，他们都会将其归结于"老了＝退化"。或许也可以说，在年龄面前，他们的大脑总是被一种负面思维主导。

他们的大脑里总是有个"老去的自己"，所以不管什么事情，首先想到的都是"要与年龄相符"。穿着打扮必须与年龄相符，必须与年龄相仿的人来往……过分地要求自己去迎合年龄。说得更直白一些，这是一种被年龄束缚的状态。

反观后者，他们关注的仅仅是当下的自己，去做现在的自己能做的、想做的事情。所以，他们喜欢穿着年轻、时尚的衣服，喜欢把自己打扮成自己喜欢的样子，也和比自己小很多的年轻人来往。和前者相比，可以说他们活出了自我。

对于商务人士而言，退休可以说是一个分水岭。对于这一分水岭，前面所提到的两种人的心态应该有很大区别吧。

第三章
想得开的人都善于转变心态

"离退休就剩五年了啊!"

这是主张什么年龄做什么事的人的心态。活出自己色彩的人的心态则截然不同。

"我得利用剩下的五年好好规划一下退休后干些什么。"

前者只看到了退休这一"长跑比赛"的终点,后者却将退休视为一个新的起点。

我有一位朋友就职于一家美国投资公司。后来,这家公司将我这位朋友所在的不动产部门卖给了日本的一家企业。我的这位朋友当时在公司的业绩非常不错,在我看来他完全可以继续在收购他们部门的日本公司一直工作到退休。但是,他……

"机会来了。我选择辞职。"

我想开了

　　他果断地与公司告别，开始做自己想做的事情。大家猜他想做什么呢？他将自己身为美食家喜欢喝酒的兴趣爱好做成了事业，开了一家酒馆。

　　与一般酒馆不同，这家酒馆没有椅子，客人们都站着喝酒。这里集齐了日本各地的清酒，但不提供餐食，允许外带食品，实属独特。听说，酒馆的生意非常红火，还多次登上了晚报。

　　我这位朋友是退休前华丽转身、活出自我的极具代表性的实例，和扳着指头数退休时日的"年龄相符派"有着天壤之别。放弃长久以来辛辛苦苦换来的职位，果断地踏入非自己本行的领域，这种魄力想必当代的年轻人也不得不佩服。

　　如果能活出自我，就不会被年龄所束缚，就能对年龄保持钝感。这和活出年轻态之间的紧密关系，想必已无须多言。我想，能够实现这一点的核心在于提前准备。

　　请在离退休还有五年（可以的话，十年更好）时就开始找寻自己想做的事情，培养兴趣爱好并着手准备。如果

第三章
想得开的人都善于转变心态

准备工作已经就绪,像我朋友那样在退休前就完成华丽转身,当然也是极好的。

我想,在这一点上,能够下定决心由主张什么年龄做什么事掉转方向、努力活出自我的"舵手",正是"想得开"之人。

> **如果能对"变老"保持钝感,就能永葆年轻。**

第四章

想得开的人都懂得释怀

不与生气的人站上同一个擂台

在这个世界上,压力无处不在。尤其,现代社会信息化不断推进,生活节奏越来越快,个人的经济条件却几乎处于停滞状态,精神负担可以说相当沉重。

如漫天飞雪般袭来的信息不断刺激我们的内心,飞逝的时间昼夜不停地"追赶"我们。

"现代人的压力在不断加剧",时不时就有媒体报道这一现象。我想,大家都见过公共交通因某些特殊情况出现延误时,乘客气鼓鼓地责骂车站工作人员的场景吧。

虽然乘客将自己的怒气和怨气发泄在工作人员身上,可在这件事上,工作人员是无辜的,他们没有任何责任。发脾气的人对此心知肚明,却在工作人员不能反驳的情况下将各种污言秽语朝他们丢去。在我看来,那些人是在借这种方式发泄和转嫁自己内心积累的压力。

这是一种毫无道理的怒火，是一种性质特别恶劣的怒气。但是，这种情况屡见不鲜。企业负责人以蛮横狂妄的态度对处于弱势的承包商提出各种无理的要求，这种事情并不稀奇。于是，承包商又以同样的姿态对待转包商。公司里，上司心情不好就把气撒在下属身上，以此来发泄自己的情绪，这种现象也不少。

像这样，压力和怒气的矛头不断指向弱者，甚至是弱者中的弱者。大家都有可能成为其中的受害者。那么，我们应该如何面对毫无道理的怒火或单纯只为发泄情绪的怒气呢？

"那自然不能保持沉默了，我肯定会选择正面反击，坚决对抗到底。"

性格强势的人可能会持上面这种想法。但是，其结果只会是"以眼还眼，以牙还牙"，闹到不可收拾的地步。

第四章
想得开的人都懂得释怀

双方会变得尴尬、关系紧张、互不理睬,更严重者,说不定就此心生怨恨,彻底断交。

"以怒制怒"就意味着和对方站上了同一个擂台。"敌人"一旦上场,自然会激起我们的战斗欲望。于是,双方退无可退,只能赤膊相见了。可见,以怒制怒是不可取的。如果真要站上擂台,我们索性站得更高一些,站在远高于擂台的地方俯视对方。

> "被情绪左右、怒发冲冠的你,看来也就只有这点水平。太遗憾了,我可不想和你玩儿,你一个人和自己的情绪斗争下去吧!唉,真可怜……"

我认为,这就是"想得开"之人的应对之法:只要我不予理会,对方就会意识到自己一个人争强好胜的样子有多么丑陋,随后便会偃旗息鼓。我们可以称之为"以柔克刚,以静制动"战术。

但是,临场状态是极为重要的。如果对方正在气头上，你却默不作声，摆出一副任人欺负的样子，则正合对方的心意。对方一看发火有用，便会得寸进尺，以为自己占了上风，会"痛打落水狗"，持续攻击你。

"和颜"指和颜悦色的表情。禅教导我们，要时常以"和颜"待人。保持和颜悦色，我想，没有比这更好的应对办法了。倘若我们以和颜悦色面对满口污言秽语、破口大骂的人，想必那人会哑口无言吧。正所谓"和颜施"（给予别人微笑的意思），即和颜悦色的表情有着与布施相同的效用。还怒气以布施，这正是"想得开"之人的应对之法，是成年人该有的应对之法。

> 以"和颜"之布施还击怒气。

最佳的"复仇"
是堂堂正正地活在当下

每个人都有无法忍受的事情。面对这种事情,你是否曾在心里默默发誓"总有一天我要让那家伙吃次苦头"?

被曾经十分信任的朋友背叛,被自己全心全意爱着的人残忍对待,被工作上的朋友欺骗……

遇到类似情况,的确让人无法抑制报复心。但是,即便你默默地寻找机会,"完美地"报复了对方,内心就会感到"快哉快哉"吗?

我对此持怀疑态度。不管对方是什么样的人,只要你做了坑害他人、伤害他人的事,心里肯定不会好受。或许,报复成功的那一瞬间你会获得某种快感,但我想那之后你感受到的更多是痛苦。

而且，对方遭到报复后不一定会坐以待毙。你被再次报复的可能性并不小。"报复的连锁反应"是世上再常见不过的事了。历史也证明了这一点。正所谓"因果报应"，报复总有一天会落到我们自己身上。

即便如此，要想迅速忘掉被背叛、被残忍对待的痛苦以及被骗的委屈，想必也并非易事。有些人心里的伤可能过了很久依旧会隐隐作痛。

有这样一句禅语："前后际断。"

这句名言出自道元禅师之口。禅师用木柴和灰烬的例子解释说明了这句禅语的含义。说起来其实很简单。我们知道，木柴燃烧后会变成灰烬。所以，有人认为木柴是灰烬的前身，灰烬是木柴的将来时，但道元禅师并不赞同这种观点。

木柴就是木柴，灰烬就是灰烬，它们都是绝对独立的存在，并不是连接在一起的。所谓"前（木柴）后（灰烬）际断"，也就是说，前后两者是中断的、断开的。这就是道元禅师的解释。

第四章
想得开的人都懂得释怀

也可以说,重要的只是"当下"这个瞬间,它既不是过去的延续,也不与未来相连接。

人的确活在过去、现在和未来这种不断流逝的时间之中。但是,此刻我们生活在真实可触的现在,这个现在既不是过去的延续,也不是未来的前奏。

不与过去和未来相连接的、绝对的现在(当下)是存在的。这句话是不是有些晦涩难懂?道元禅师又以四季为例对此进行了补充说明:春、夏、秋、冬四季更迭,并不是春天变夏天、夏天变秋天、秋天变冬天。在更替的过程中,四个季节看似相互连接,实际上却有明显的分界,各个季节都是独立的存在。

既然被背叛、受到残忍对待、被骗等都是发生在过去的事情,而我们活在与过去脱离的当下(现在),那么,我们只要活在当下不就可以了吗?

思考如何报复对方,就意味着我们仍在以"被背叛(受到残忍对待、被骗)的自己"活在已经与过去分离的当下。

这种生活方式真的好吗？我只能说，我无法认同。

我们好不容易才坚强地活在当下，如果始终感叹被背叛、受到残忍对待、被骗的过去，未免太过可惜。

昂首挺胸、堂堂正正、毅然决然地活在当下的姿态，在那些背叛你、残忍地对待你、欺骗你的人眼里，会是什么样的呢？

"我输了！我败给他/她了！"

应该会是这种印象吧？然后，他们会为自己的所作所为感到羞耻和悔恨。

真正的报复是埋葬过去、活在当下。

生气的时候，开口前先从一数到十

日语中有这样一句谚语："装度量的袋子的绳子绷断了。"将其翻译成汉语就是"忍无可忍"。所谓"装度量的袋子"，即克制愤怒的忍耐力，或者更进一步，即包容愤怒的宽广心胸。当今社会随处可见"一点就炸的人"，想必他们"装度量的袋子"应该小得可怜。

我们有时会把动不动就生气发火的人叫作"速热热水器"。这种人在自己的交际圈里很容易树敌，而且很难得到周围人的帮助。每个人都不是一座孤岛，都是在与周围人建立的缘分中，在周围人的支持与帮助下生活的。

这是人类生存的一大法则，所以那些"袋子"小的人自然很难生存。不仅如此，怒火甚至会让其一生的努力付诸东流。

提到日本历史上的类似事件，大家可能都会想到织田信长吧。众所周知，织田信长在统一全国前夕被心腹家臣明智光秀背叛，一统疆土的抱负因此化为泡影。

描述信长的形象时，经常出现的关键词之一就是"脾气暴躁"，换言之就是"易怒"。有传闻称，信长曾在织田家的众多重臣面前鞭笞光秀。

即便是在家臣中以知性而闻名的光秀，也无法忍受如此奇耻大辱。至于光秀谋反的理由，众说纷纭。虽然目前仍未有定论，但信长的易怒肯定是导火索之一。这一点无须质疑。

"信长捣（舂米磨粉），秀吉捏（和面做饼），家康食（坐享其成）。"

正如这首歌谣所唱的那样，最终一统天下、坐拥太平之世的是德川家康。而家康曾说过这样一句话："视怒

第四章
想得开的人都懂得释怀

为敌。"

家康自幼年起就成为金川（义元）家的人质，忍辱负重度过了十几个春秋。我想，这句话也许就是他的人生训示。可以说，他与信长形成了鲜明的对比。毫无疑问，正是因为他紧紧地攥着"装度量的袋子的绳子"，才开辟了一统天下的道路。

神奇的是，西方的执政者也说过类似的话。

"生气的时候，开口前先数到十；如果非常愤怒，就数到一百；如果还觉得生气，就数到一千。"

这是起草了《独立宣言》的美国第三任总统托马斯·杰斐逊的名言。这句箴言与家康的人生训示不谋而合。

无论是东方的家康，还是西方的托马斯·杰斐逊，都在强烈规劝我们要克制怒火。这就意味着我们应该将这个道理铭记在心。

当然，漫漫人生路，人总有应该生气的时候，这种时候当然可以生气。但是，请不要情绪化地宣泄怒气。为了实现这一状态，我们需要反复地仔细思量自己的正当性和对方的不正当性。

只有这样，愤怒才有可能成为"最后的绝招"。

请一定努力提升自己的忍耐力。最后分享一句美国政治家本杰明·富兰克林的名言，希望能与大家共勉。

"发怒和鲁莽并步而行，而悔恨则踩着两者的脚后跟。"

愤怒让你的人生走向灭亡，忍耐让你的人生走向成功。

"书写"愤怒让内心变平静

"我不擅长排解怒气，经常回到家后还很烦躁。"

上述这种人应该不少吧？不过，即便你将因为各种事情而涌起的怒气直接带回了家，也不要紧。只要配偶或者室友等能听你发发牢骚、抱怨几句，我想过不了多久，你的怒火就会逐渐平息。因为用语言倾诉烦恼，郁闷的情绪会得到释放。

反观独居者，当其怒气无处发泄或倾诉的时候，事情可能会变麻烦。即便一个人喝闷酒或骂人发泄，其怒火也不会平息，反而会越来越盛。特别是在夜晚，人会变得尤其敏感，更容易情绪激动。

而且，怒气未消散时，人应该很难入睡。如果这种情绪一直持续到第二天,想必那个早晨也不会太美好。

这种时候,我推荐大家"写下愤怒"。要将"愤怒"形成文字,就需要梳理事件发生的过程。通过梳理,我们的怒气就会逐渐消散,内心自然会变平静。比如:

(公司的小A说:"你们公司每次都很晚才提交数据,看来你们的工作都很轻松嘛。"他就是一个外人,根本不了解我们公司的内情,凭什么对我们的工作指指点点?哪里有什么轻松的工作啊?)

(我看他好像因为工作很累的样子,分开的时候就问了句:"最近工作很忙吗?你还好吗?"结果,他竟然说什么"跟你无关"!这算什么回答啊!他今天真让人生气。)

(我只不过在电话里发了几句牢骚,他竟然说"跟你说话真的太烦了"。这也太过分了吧!而且,他还突然挂断了电话。就算我们是关系很好的朋友,这未免也太没礼貌了吧!)

第四章
想得开的人都懂得释怀

通过书写我们可以吐露愤怒,从而使怒气得到缓解。另外,回头阅读自己写的东西时,我们能客观地分析愤怒的源头。

其中,"客观地分析"也是"想得开"之人看待事物的方式和思路。比如,即使自己身处旋涡的中心,他们也能跳出旋涡看待问题。如此一来,我们自然不会被当时的事件所左右,也不会被情绪所控制。或许也可以说,书写能帮助我们以一种客观、抽离的视角看待问题。

如果能客观、抽离地看待问题,即使对方的语气稍显刻薄,我们也能转变思路,想到对方平时就喜欢说风凉话,根本没有任何恶意,更没想过要伤害谁。

虽然男友嘴上说"跟你无关",但有可能他真正想表达的意思是"你不用担心"。

虽然在你看来,自己只是和朋友发了几句牢骚,但有可能通话时间已经很长了,朋友有些厌烦,抑或那天朋友的心情也不太好。这是完全有可能的,不是吗?既然是关系亲近的好朋友,这种程度的"任性"(以自我为中心的行为）也是可以理解的。

　　如果只是在心里不断苦恼的话,愤怒的出口就会被堵住,而书写正是打开这个出口的一个过程。无论如何,有了这个过程,我们内心的想法就会转变为"也没什么大不了的,算了,就这样吧",从而变得平静。无论如何,请一定以平静的心情入眠。

> **书写可以为愤怒打开出口。**

不要勉强去做
超出自己能力范围的事情

不积累愤怒的窍门在于不过分努力,按照自己的节奏以最真实、最自然的状态生活。我想针对这一点多聊几句。

我们接受的工作职位以及在生活中扮演的角色都带有一定的责任,我们必须负起责任完成工作、履行好自己的义务。

但是,责任是有范围的,不是吗?假设我们从上级领导那里接到了工作任务,而这项工作包含多种要素,其中有一部分并不是你的专长。

比如,虽然你擅长写企划书,但并不擅长以图表的形式进行视觉化展示。这时,天生严谨、仔细的人可能就会

我想开了

产生这种想法：

"既然接手了这个项目，那么我就要负起责任完成所有内容……"

这就在无形中将自己的责任范围扩大了。也可以说，你拥有过度的责任感。其结果并不难想象，你大概率会因为自己并不擅长的图表伤透脑筋，在这部分耗费大量时间，因此最终没能在要求的时间内完成工作任务。

如果没能按时完成工作，你极有可能会被领导斥责，还会进行自我谴责，责备自己没有担负起应有的责任。更甚者可能从此会对接手工作任务产生恐惧心理，慢慢变得畏首畏尾。

假设某一项工作任务中包含的责任有"十分"，任何人都不可能独自承担所有的责任。如果其中的"七分"对应的工作内容是自己擅长的部分，那么这部分责任确实应该由你来承担。至于剩余的"三分"，就请擅长这部分内

第四章
想得开的人都懂得释怀

容的人帮忙,由他来完成不就可以了吗?

你只需在接手工作任务的时候诚实地告诉领导:

"视觉化呈现并非我的强项,所以我想找比较擅长这部分工作的同事帮忙。不知道是否合适?"

做不到就是做不到,不擅长就是不擅长,坦率地承认这些并非什么可耻的事情。当然,我也知道,有的人就是做不到这一点。

大家可能普遍认为年轻人的这种倾向会更强一些。实际上,人类普遍都有一种潜在的愿望,就是"想成为他人眼中的能者""想被他人看作厉害的人",还会在这一愿望的驱使下,无意识地勉强自己硬着头皮去做一些超出自己实力范围的事。

但是,在现实生活中,我们不可能完成超出自己能力范围的工作。勉强应付的话,后果不难想象——拖慢进度、完成度低、错误百出等,反倒会暴露出各种问题。

所以，我们难道不应该拿出勇气直面自己真实的能力吗？睁开双眼，仔细审视一下真正的自己。领导是能够窥见下属的能力的，他们很清楚你是否擅长某部分工作。

所以，领导们会如何看待那些喜欢大包大揽的下属呢？或许就是"喂！别逞强了，可以把这部分交给那个同事做，能够把工作分给他人也是实力的体现"。

顺便说一句，我个人也会坦率地承认"做不到就是做不到"。要划分清楚哪些事情在自己的能力范围之外、哪些事情是自己可以独立完成的。就拿英语来说，由于在国外工作的机会逐渐变多，现在我勉强能做到用英语进行口头交流。但是，如果需要用英语写点东西，我就只能举双手投降了。就连最简单的回复邮件，我都很头疼："这个单词应该怎么拼来着？"在英语方面，我大概就是这种水平吧。

所以，这部分工作就交给比较擅长英语写作的职员去做了。这样一来，工作推进得更顺利了。

第四章
想得开的人都懂得释怀

如果能准确地判断自己的实力,就不会在划分责任范围上出错。

> 以自己的实力为基准,负起相应的责任就可以了。

直面自己的弱点，就能保持释然

关于个人的优势与弱势，前文已有所涉及。我个人认为，越是性格敏感、心思细腻的人，越应该将自己的弱点公之于众。

> "我这个人心理素质不好，容易怯场，不擅长在大家面前演讲、发表之类的工作，比较喜欢做一些幕后的、需要不断积累的工作……"

当然，也没必要反复重申。但是，在和上司参加酒局之前，提前告诉他你的真实情况会如何呢？如果周围人得知了你的状况，应该会有所体谅，也会适当照顾你。这样一来，你的职场生活就会变得舒服一些，能以一种轻松的

第四章
想得开的人都懂得释怀

心情开展工作。

最不可取的就是隐瞒自己的弱点。我想,之所以有人会选择隐瞒,是因为他们想成为别人眼中类似于"十项全能选手"般的存在。但是,"装模作样"之后肯定会有相应的麻烦找上门来。

"那么,这次的策划方案说明会就交给你来做吧。"

如果上司下达了这样的指示,不执行肯定是行不通的。但是,在策划方案说明会这种至关重要的场合,你很可能会出丑,前言不搭后语,表达没有逻辑。即使上司没有给你指派这种工作任务,你也会时常惴惴不安,想着"下次是不是就轮到我了啊"。

一旦坦率地承认自己的弱点,人就会轻松许多。一般来说,比起习惯逞强、对自己的弱点讳莫如深的人,那些总是直言不讳、坦白直率的人也许更有人格魅力。

提到将这一点转化为政治谋略,并拥有巨大人格魅力的政治家，应该就是前日本首相田中角荣了。当初，首相田中角荣的"卖点"之一，正是"小学毕业"的学历。

在以东京大学为首的各种一流大学毕业生比比皆是的政界，低学历必定是一种弱势。但是，田中角荣巧妙地利用了这一点。他毫不掩饰地在各种公开场合提到自己的低学历，以此来强调自己的人格魅力。事实上，不论是媒体还是民众，都称他为"今太阁"（现代的丰臣秀吉），为他呐喊助威，十分拥护他。

其实，这件事是有内情的。事实上，田中首相的真实学历是毕业于"中央工学校"，相当于现在的高等专业学校。说白了，首相是有意在将学历低级化，也可以称为"学历反造假"。比起常规的学历造假，这种更有其独特的魅力。

禅语"露堂堂"意指毫不隐瞒，展现自己最真实、最自然的一面。如果隐藏、掩饰自己的弱势，就做不到堂堂正正，整天担心自己隐瞒的事情会被他人知道，因而陷入焦虑的情绪中。

第四章
想得开的人都懂得释怀

举一个非常浅显的例子。也许有人会认为不习惯城市生活是自己的弱点,那就不要故意掩饰、装作很享受都市生活的样子。

>"我就是个乡下人,这城里高楼林立,总感觉让我有些窒息。反倒是我们老家,虽然什么都没有,但就是让我感觉很踏实。"

像这样直接表达就可以了。这样反倒会给大家一种坦率的印象,提高大家对自己的好感度。

如果看起来很强势,实际在家里还是妻子说了算,那就不必装出一副大男子主义的样子。

>"你别看我好像很厉害的样子,回到家里在妻子面前根本连头都抬不起来,很可笑吧?"

坦率地承认自己的弱点非但不可笑,反而会提升自己的人格魅力。到底是隐瞒、掩饰自己的弱点，每天惴惴不安地生活，还是坦诚地展示最真实的自己，心情舒畅地生活，选择权在你的手里。

大方地"暴露"自己的弱点，你会比现在更有魅力。

没问题的部分，不需要反思

"只要懂得反思，任何人都能取得成功。我所说的是真正正确的反思。经过反思，我们就能明白接下来应该做什么、不应该做什么，从而有所成长……"

开篇的这段名言出自被誉为经营之神的松下电器产业株式会社（现松下株式会社）的创始人松下幸之助。这段话可以称得上至理名言。事业上的成功与一个人的成长，都离不开反思。

这段话中尤其需要我们关注的应该就是"正确的反思"了。工作出问题时，任何人都会反思，但是心思过于细腻的人的反思方法往往是有问题的。

"领导难得把这份工作交给我,我竟然没能顺利完成。唉,我真的太差劲了,看来要重头再来了。"

这种反思看似坦率,或者说谦虚,但其实反思过度了。有一个成语叫"过犹不及",反思过度时就会让自己变得凄惨、可怜。

任何一项工作都是需要一个过程的,例如,有准备阶段、着手阶段、交涉阶段、决胜阶段、最终阶段……工作就是在这样一个个过程中不断推进的,不可能所有阶段中你所采取的对策都是错误的。

因此,我们需要做的不是对全过程进行反思,而是应该论证清楚到底在哪个阶段出现了什么样的问题、有什么样的不足,从而反思其中的问题与不足。

换句话说就是,反思时需要将重点放在出现问题和有所欠缺的部分,否则就丧失了它的意义。对于松下先生所说的"正确的反思",我是这样解读的:没有问题的部分,就不需要反思。

第四章
想得开的人都懂得释怀

回到工作出问题的情境，一般情况下造成这种结果的原因都在于某一个或某两个环节出了问题，不是吗？

比如，准备阶段进展得非常顺利，却在最后关头出现失误，导致交涉无果。如果是这种情况的话，那么只反思下面这一点就可以了。

> "看来在最后关头有些过于心急了，应该再多花点时间做准备的。'在最后关头一定要不惜时间做好万全的准备'，把这一点铭记在心吧。"

再比如，刚开始交涉没多久，就被对方指出资料准备得不充分，并被这个失误拖后腿，失去了主动权，那么反思的重点就在于——

> "做准备工作时一定要仔细仔细再仔细。这一点千万不能忘。"

只有这样反思,我们才能吸取经验教训,避免再次出现同样的错误。从某个角度来说,工作技能也会有所提升。如果能掌握这种反思方法,即使没有取得成功,也不会受挫。

我所设计的"禅庭"可以说表现了我个人在当时情境下的心态,所以造型经常能反映我的心理。也许从这个角度来说,我的设计工作好像从未出现过"进展不顺利"的情况。但是,站在完成后的"禅庭"前,我还是会探寻一下另一种"可能性"。

"如果在栽植上再克制一些会如何呢?石头的表情再突出一些会是什么效果呢?"

我想,这也是一种广义上的反思吧。

好了,就让我们"正确地反思",勇敢地迈向前方吧。

切忌盲目反思,务必进行论证。

对于"多管闲事"的热心人，说"谢谢"就好

虽然我不打高尔夫球，但听说它是"教练"人数最多的一种运动。总之，有很多人好为人师。即便自己的水平并不高，他们也总能看见别人的问题，并热心地指出不能这样、不能那样、应该这样……好像谁都能即兴当一把"专业教练"。

不过，对方也是出自善意，不予理会也不合适，但受教的人难免会有"不耐烦""面露难色"的时候。任何一个打高尔夫球的人似乎都有过类似的经历。

这就是"小善意、大麻烦"的典型事例。类似的事情在我们的日常生活中非常常见，不是吗？

我想开了

"真是服了这位前辈了。本来就是一点小事,想听听他的意见,谁曾想一下子就打开了他的话匣子。我想听的就是短短几句话,但他每次都要长篇大论一番才肯罢休……"

类似的情况大家应该都不陌生吧。面对这种人,时间充裕的话,倒是可以听他长篇大论;如果是在繁忙的工作时间,就会觉得很烦人了。这个时候,要是能果断地打断他就好了。

"前辈,我想知道的就只是这一件事,其他的就……"

但是,面对慷慨激昂地"发表演说"的前辈,肯定会有人有所忌惮、心怀歉意吧?

"想得开"的人此时会说:"非常感谢。"

要想既不让对方感到不快,又能迅速地终结话题,没

第四章
想得开的人都懂得释怀

有比这句话更合适的了。我想,不管对方是个什么样的人,都不会再说出"喂!等等,我的话还没说完呢"之类的话。即使是在私人场合,"非常感谢"的有效性也不会打折扣。这个世界上总有些人喜欢善意地"多管闲事"。

即便有时感到困扰,一想到对方也是为自己考虑,是出于好心,有的人就很难张口说出"你这样让我很困扰"之类的话。这种时候,"非常感谢"就会成为终结话题的最佳选择。

比如,和热心肠的朋友谈论自己的旅行计划。

"下周,我打算去广岛的宫岛旅行。"

如果这位朋友之前去过宫岛,其热心肠的气质极有可能就此被激发。

"是吗?!宫岛挺不错的,一定要去看看。如果要吃午饭的话,我推荐你去那家名叫××的店。那家店可以说是必去之处,没吃过那个就不算去过宫岛。如果你要去严岛神社的话,最好××时间去,千万不能错过这个时间哟。还有,要买特产的话,一定要买红叶馒头……"

朋友会宛如当地导游一般热心肠地介绍起来。但是,旅行的趣味不就在于随心所欲地探寻未知的场所?要是还没出发就把一切都安排好了,甚至连买什么特产都被指定了的话,趣味肯定会大打折扣。

面对这种情况,你应该早早地瞅准时机,对朋友说:"非常感谢……"日本人有察言观色的习惯,所以应该会有所克制。比如,对方可能会说:"哎呀,不说了,不说了。说太多的话,你到时候去玩儿就没什么意思了。你去了之后一定要玩个痛快啊。"

如果对方仍旧滔滔不绝,你就只能用"非常感谢,但是你介绍得这么清楚,我到时候不就……"来结束话题。

第四章
想得开的人都懂得释怀

> 直接说"非常感谢"既不会让对方感到不适,又能适时地终结话题。

第五章

想开了，生命的花就开了

人生不设限，坚持"洗冷水澡"

"体力已经达到极限了。"

这是曾三十一次夺冠、在相扑史上位居第三、因身姿勇猛被称为"狼"的著名横纲千代富士贡在隐退时的记者见面会上说的话。也许大家的脑海中也曾出现过类似的想法。

"看来我的体力已经到达极限了……"

请一定不要有这种令人感伤的想法。据说，人类最多只使用了自己全部能力的25%。大多数人所使用的能力甚至不到自身能力的25%。

换句话说，人类还有约75%的能力未被开发和使用。所以，即便我们再怎么使用自己的能量，再怎么锻炼，仍离极限很远。人的能量是非常大的。任何人都有将能力提高2%~3%的可能。自己决定界限，是主动扼杀这种可能性的行为。

然而，人类的能力正与时代的发展背道而驰。在当下这个不断强调便捷性的社会，人的能力不仅很难有所提升，甚至在不断退化。

想必大家也能想到类似的情形吧。在手机还未普及的时代，每个人最起码能记住10~15个经常联系的朋友的电话号码。

现在，人手一部手机，只要把电话号码存在手机里，按下按钮就能拨通电话，大家又能记住几个电话号码呢？我想，大多数人只记得自己的手机号吧。

导航软件也带来了同样的问题。过去存在我们脑海中的路线图，现在已然成了一张白纸。诸如此类，光是记忆力本身，因为享受便利而退化的问题已显而易见。

第五章
想开了，生命的花就开了

当然，这是时代发展的大趋势。我并不是希望大家摆脱当下生活的便捷性，这在现实生活中是不可能实现的。如果让我在认识到这一点的基础上表达个人意见的话，我只能说，正是因为处在这种时代，我们才更有必要进行"自卫"，从而有效地预防记忆力退化。

举例来说，我们可以在大脑中规划接下来一整周的工作安排。现在，可能很多人会选择在手机的日历上记录日程安排，并随时确认。但我希望大家能有意地放弃这种便利性，利用自己的记忆力来完成这些事情。

不止这一件事，任何事我们都可以按照这种思路去做。针对每一件事，自己定一个规矩，有意地去使用自己的能力，这样就能在某种程度上抑制能力退化。不一味地沉迷于便利性，而是在充分了解不便的基础上有意地放弃部分便利性。

衰老也是让人感到自己已达极限的一大原因。进入老年，想挑战新事物时，人们就会出现"这已经到了我的极限！"的想法。日本有这样一句俗语："老年人洗冷水澡。"很明显,这是在揶揄老年人。听到这句话时,他们好不容易燃起的小火苗可能一下子就被浇灭了。

其实,不管年龄多大,我们都离自己的能力极限很远。这时候,我们正需要展现犹如"有意洗冷水澡"般的意志力和挑战精神。

我所在的寺庙里有一位施主七十岁才开始进行徒步运动,而开始的契机竟然是康复训练。随后,他慢慢地对徒步产生了浓厚的兴趣,并逐渐从徒步转变为慢跑,最后甚至开始了马拉松长跑。虽然他已经过世,但直到93岁他都一直活跃在马拉松赛场上。

我的父亲亦是如此。因为活动手指可以刺激大脑,80岁的老父亲开始学习弹钢琴,85岁开始学习英语对话。他和我的侄女一起参加钢琴演奏会的场景,我至今历历在目。

人一旦给自己划定了界限,能力就会退化,所以请持续地挑战自己。

第五章
想开了,生命的花就开了

> 坚持"洗冷水澡",依旧能做到"七十学艺,八十修行"。

聆听自己内心的声音，和真正的自己对话

让我们仔细观察一下"坐禅"中的"坐"字："土"字上面有两个"人"。我想，这非常直观地展示了"坐禅"的意义。在还没有僧堂的时代，"坐禅"就是在土地或石头上进行的。

明明坐着的只有一个人，为什么会有两个"人"字呢？首先，坐着的那个人肯定是我们自己，这一点不用多说。其次，旁边的另一个"人"正是我们"心中的自己"，禅将其称为"本来的自己"。

换句话说，坐禅的意义就在于直面心中真实的自己。或许也可以说面对本来的自己，向他/她提问并聆听他/她的回答。

第五章
想开了，生命的花就开了

"一路走来，这种生活方式有没有什么问题？"

"今天的言行举止有没有不当之处？"

"今天有没有说什么伤害他人的话？"

人总是会无意识地犯错误，伤害到他人。正所谓"人无完人"，坦率地面对心中的自己是极其重要的。

如果我们能通过这个过程发现自己的错误，就可以及时改正；若发现自己伤害了他人，就能有所改变。我想，在禅修的过程中，我们之所以每天都要进行坐禅，就是为了发现自己的不足之处，察觉自己的不成熟。

我想，大家即使不能坐禅，应该也能与内心真实的自己对话。话虽如此，现实生活中没有这种宝贵时间的人想必很多吧。当然，我也知道现代人到底有多忙碌。

但是，哪怕是晚上的十分钟、十五分钟也好，这点时间也挤不出来吗？只要我们在这短短的几分钟里关掉手机，就不会被各种社交软件所打扰。这将成为我们开启自我对话的开关。

坐禅原本应该在自然环境中进行。这是有一定原因的。道元禅师曾创作过这样一首和歌：

"溪声山色，皆为佛陀之音声、法身。"

山峰的颜色和溪水的声音都是大自然的象征。道元禅师在和歌中咏叹道："大自然中的一切都是佛陀的声音、佛陀的身姿。"

是的，在大自然中坐禅，就是被佛陀的声音包围着、触摸着佛陀的身体进行打坐。没有比这更可贵的坐禅了。

既然好不容易才留出与自己对话的宝贵时间，要不要考虑营造一个更好的环境呢？

现在市场上售卖的有那种收录大自然之音的光盘。小溪潺潺的水声、风拂动树叶的沙沙声、鸟儿的啼鸣声、浪花拍打海岸的声音……请在流淌的大自然的声音中安静地度过十分钟、十五分钟。

在大自然的拥抱中，我们的心自然会打开，请借此平

第五章
想开了，生命的花就开了

静地回顾一下当天的言行举止。抑或扩大回顾的时间范围，比如反思这一整个月是如何度过的、这一整年做了些什么。

"今天的工作有一项没有收尾，可能是因为最近这段时间状态不佳。"

"总感觉自己的工作惰性越来越严重了。这样下去可不行，一定要避免千篇一律、故步自封。"

在坐禅的过程中，你肯定会有所发现。我想，这正是与内心对话、聆听心声的过程。请一定留出这种时间。只有不断地与内心深处真正的自己对话，我们的身心才能得到真正的锤炼。

> 与内心深处真正的自己对话，就能锤炼出一颗强大的心。

想开了，自然能拥有高质量睡眠

晚上总是睡不好……我想，每个人应该都经历过这种失眠的日子。白天因为一些小事和朋友发生了争吵，总是想来想去睡不着；一想到第二天的工作就紧张得无法入睡……失眠的缘由因人而异。不过，有一点是相同的：对某件事的思考妨碍了我们入睡。

在这里，我想先讲讲我个人的情况。我从来不曾失眠。无论是在飞机上，还是在电车里，我都能轻松地睡着。哪怕身心都很疲倦，只要小睡十分钟左右，也会感觉很解乏，整个人会精神许多。

事实上，前不久一家主营保健商品的大型电器公司进行了一项有关睡眠的实验，我有幸参与其中，成为实验对象。实验结果显示，我只需一分钟到三分钟就能进入睡

第五章
想开了，生命的花就开了

眠，而且在六个小时的睡眠中，我的熟睡时间长达五小时四十分，熟睡率高达99.8%。

与我一同参与实验的其余两人，一人的睡眠总时长为六个半小时，但熟睡时间只有两小时；另一人有七小时的睡眠时间，熟睡时长却只有一小时四十分。相比较而言，我的睡眠质量可以说好得令人诧异。

虽然我并不是很清楚睡眠与"想得开"之间到底是一种什么样的因果关系，但随时随地都能睡个好觉就意味着我没有思考那些令人忧虑的琐事，意味着我对那些鸡毛蒜皮的小事从不挂怀。因此，从某个角度来说，这也是一种"想得开"的心态。

任何人都可以拥有这种心态，关键在于入睡前的三十分钟。在这三十分钟内，你必须放空大脑，努力让内心平静下来。

要做到这一点，前提在于设置"结界"。众所周知，寺院和神社都有山门或鸟居，它们就是"结界"。山门和鸟居将世界划分为外（俗世）和内（净地）两个区域。

参拜者们只有穿过这道"结界",才能拂去心上的尘埃,以一颗虔诚、清澈的心造访净地。

参照山门和鸟居的例子,我们是否可以试着将离家最近的车站出口、自家家门或玄关看作一道"结界"呢?一旦越过"结界",就要提醒自己放下社交以及职场中那些令人烦恼的琐事。也许一开始你进行得并不顺畅,但是正如前文提到的那样,人的习惯性是非常强的,只要你有意识地坚持一段时间,就能真正掌握这一做法。

再次回到入睡前的三十分钟,为了让我们的内心平静下来,最佳选择必定是让自己感到"舒适"。如果说前面提到的是一种空间上的"结界",那么这里我们需要的则是时间上的"结界"。一旦到了这个时间(入睡前三十分钟),就要让自己进入一种"舒适"的状态。

提到"舒适",具体怎么样才算舒服,想必也是因人而异的。听听喜欢的音乐、翻翻绘本或是相簿、点上自己喜欢的香薰、适度地活动活动身体、抬头仰望星空,抑或小酌几口……这些都可以。

第五章
想开了,生命的花就开了

当身心舒适时,人就会与当时的行为成为一体,既不会思考任何问题,内心也不会被琐事叨扰,只是单纯地被"舒适感"所包裹。

这一点是非常关键的。这是让内心平静、快速进入睡眠的最佳状态。

俗话说"心动不如行动",为了拥有高质量的睡眠,从今晚开始,立即实践一下刚才提到的方法吧。

只要创造出两道"结界",你就能安然入睡。

想开了,生病也是一种修行

佛家所言的"四苦"指生、老、病、死。虽然也有夭折或是身体健康却因意外突然离世的情形,但一般来说,任何人都无法逃脱这四种痛苦。

接下来,我们来简单聊聊有关疾病的话题。

疾病可以分为两种:一种是可以治愈的疾病;另一种是癌症等顽症或绝症。

> "即便是可以治愈的疾病,一旦需要住院,不仅会耽误工作,还会造成巨大的经济负担,就连情绪也会变低落。"

有些人一旦身体出了问题,心理也会随之生病。这种

第五章
想开了,生命的花就开了

人应该并不少见。正所谓"病由心生",我想,如果内心失去了精气神,病情自然会恶化,恢复速度也会变慢。

我希望大家明白一个道理,即疾病会让我们察觉一些身体健康时我们不曾关注的重要事情。身体健康的时候,我们想吃什么就吃什么,想喝什么就喝什么。这时,我们的肠胃不会抱怨,只会一个劲儿地帮我们消化吃进去的东西。所以,我们没有生病。

这是理所当然的。是的,这是理所当然的事。但是,如果肠胃出了问题,不能放开肚子吃东西,我们就会体会到能尽情吃喝是一件多么值得感激的事情。反过来说,如果不是生病,我们不会发现那些理所当然的事是最值得我们感激的。

生病能让我们体会到理所当然之事的可贵之处。这就是禅所追求的心境。坐禅、作务、读经……禅的所有修行都是为了拥有这一心境。

从这个角度看,生病可以说等同于禅的修行。

当然,即使不考虑得这么深刻,只要懂得感激,人也会有所成长。感恩会让人的心胸变开阔。无论是感恩他人的一方，还是被感恩的人，皆是如此。当你对某个人说"谢谢"时，你的内心是坦率的。当听到某个人对自己说"谢谢"时，你的心里会非常温暖。

无论是坦率，还是温暖，都是拓宽胸襟的良药。如果心胸变开阔，人必然会变"高大"。开阔的胸襟能培育出坚韧的性格和"想得开"的心态。

那么，如果是顽症又会如何呢？

曾担任曹洞宗大本山总持寺住持的板桥兴宗禅师与癌症"共同生活"了很长一段时间。每次我写信问候他时，他总会在回信中提到这样一句话：

"我和癌症的关系维持得还不错。"

即便整日唉声叹气、以泪洗面，癌症也不会消失。既然如此，除了与它"共生"，我们别无选择。既然选择了"共生"，与其和它尴尬、别扭地相处，不如努力和它保

第五章
想开了,生命的花就开了

持和睦、融洽的关系。这就是板桥兴宗禅师的理念,在生活中他也是这样做的。

哪怕是疾病,也要坦然地接受它最真实的样子,这就是对禅修的实践,其中蕴藏着平静的心境。相关报告显示,微笑能提高对癌症的免疫力,对癌症的治疗有促进作用。

与之相对,压力则是让免疫力下降的元凶。患癌症之后,倘若我们整日长吁短叹,只会徒增压力。一旦下定决心与其共生,只要保持一颗释然的心,就能绽放笑容。至于这其中的差距,想必大家已经了然于胸。

生病等同于一场禅的修行。

坦然接受生活中的所有事物

大家是如何看待当下这个世界的呢？下面这两句谚语可以说向我们展示了这个世界的真实面貌。

"世上还是好人多。"

"防人之心不可无。"

前者说的是充满温情、爱心的世界，后者说的是世态炎凉、人心凉薄的世界。当然，这个世界是多元的，也是多层次的，所以我们对它的认识也是不断变化的。根据所处环境的不同，我们有时会对前者产生共鸣，有时又会对后者十分认同。

那么，活在时而温暖、时而凉薄的社会中，我们应该

第五章
想开了，生命的花就开了

保持一种什么样的心态呢？我想，必须认识到的一点是，任何事物都是在与其他事物的关联中存在的。

以工作为例，工作不是你一个人在做，有了公司、上司、下属、同事以及工作伙伴等多元化的关系，工作才得以存在。

我们与家人、恋人、朋友等的关系，也是因对方的存在而存在的。举一反三，人正是在这种相关性的支撑下生存的。我想，如果大家能认识到这一点，就能对那些与自己有一定关系的人和物抱有一颗感恩的心。

"非常感谢您给我这次工作机会。"

"有家人（恋人、朋友）在，真好。"

你有这种感觉吗？说得更夸张一些，我们应该对祖先、父母抱有感恩之情。因为他们赋予了我们生命，我们才能在与周围人的关联中生活。这正是生活的原点。如果能脚踏实地地站在这一原点上，那么无论身处什么样的世界，我们都能无所畏惧地大步朝前。

能坦然接受生活中所有事物的感恩之心，是一颗超脱了以"这个值得感激、那个不值得感激"的心态随意地区分事物的宽容之心，也可以说是不拘小节的"想开了"。

在我看来，还有一点极为关键，那就是"不过度"。不过度思量，不过度烦恼，不过度迷茫……人会因为"过度"而体会到痛苦与难过。

禅语"即今，当处，自己"意为在此刻你所处的环境中做你应该做的事。这句禅语向我们阐释了非常重要的一点：无论何时，无论身处何种环境，都有你该做的事。

你只要尽全力去做那些你该做的事就好。就是因为我们没有这样做，才会过度思量、过度烦恼、过度迷茫。

> "这次给用户造成了大麻烦。这可怎么办，他们应该很生气吧？该如何道歉他们才会原谅我啊？"

如果给对方造成了困扰，那么你应该做的只有一件

第五章
想开了，生命的花就开了

事，那就是立刻道歉，立刻找上门去低头认错。与此相比，没有什么能更好地表达自己的诚意和歉意了。一旦思量过度，考虑得越多就越难受，越无法采取行动。

再比如，公司里有位前辈不仅工作能力强，性格也好，非常有魅力，你想和他走得近一点，那就直接向对方发出邀请："下次要不要一起去喝点东西？"这就是当时那个状况下你应该做的事，不是吗？

避免"过度"的妙计就是不要踌躇，放开胆子直接去做（行动）。如此一来，无论面对什么样的情况，我们都能克服。

> **避免"过度"的唯一方法在于果断行动。**

放下多余之物，拥抱简约生活

前不久，"极简主义""极简人士"引发社会关注，成为热门话题。所谓"极简主义"，就是最低限度主义，这种理念的实践者被称为极简人士。这就相当于禅学中"无所有"的生活方式吧。

现代人的确拥有了太多的东西。房间里摆满了东西，在各种物品的压迫中和狭小压抑的空间中生活，这在居住在城市里的人们身上再常见不过了。

身边的东西之所以会越来越多，和人类最根本的秉性有关。佛陀曾说过这样一句话：

> "即使把整座喜马拉雅山都变成黄金，人的欲望也无法被填满。"

第五章
想开了，生命的花就开了

人类的欲望是永无止境的，拥有的再多也不会满足。不仅如此，在拥有某样东西后，人就会想要下一样东西，等真的拥有了那样东西，又会想要下一个……

比如，如愿以偿拿到了心心念念的名牌包，也只会在当时那一瞬间感到满足，很快又会想要围巾、首饰、鞋子等等。我想，大家应该也有过类似的体验。

人类的欲望总是在不断膨胀，而对曾经拥有的东西又很难放手。一旦有了"还想要更多东西，但握在手里的也都不想抛弃"的心理，最终的结果自然是身边的东西越来越多。

这时，我们就需要保持"放下"的心态。比如挂在壁橱里一直舍不得扔的衣服，我想问的是，你最后一次穿这件衣服是什么时候？

"那我确实记不太清楚了。对对对，大概是三年前吧……"

三年都没穿过一次的衣服,将来能够穿起来的可能性又有多大呢?

"嗯,我想大概率不会再穿了。"

几乎百分之百会是这种答案吧。既然如此,那这件衣服就只是一件占用空间的永久藏品,这时我们需要学会放手,下决心将它扔掉。除去觉得可惜的心情,扔掉这件衣服所带来的影响只会是让空间变大、让生活变得更舒适。

餐具、厨具等生活用品,以及日常生活中的一些小零件、装饰品等,我们身边应该有很多现在派不上用场、将来也不会用到的物件。如果能果断地舍弃它们,生活就会变得更加舒适。

不仅仅是物件,希望大家在面对人、金钱、信息时,也能做到果断舍弃。以人为例,大家有没有那种虽然有些不情愿,但出于朋友好心邀请,不得已赴约的体会?这可能就是所谓的"佛系社交"。但是,话说回来,如果拒

第五章
想开了,生命的花就开了

绝对方的邀请,会有什么不好的结果吗?

"哪有什么不好的结果,心里反倒会一下子轻松许多。"

没有任何因素值得我们在舍弃上犹豫不决。最让人感到心累的,正是人与人之间的羁绊。学会切断羁绊、放手,只会让你的心变得更自由。

赚钱亦是如此。如果从一开始就知道"适度",人就不会误入歧途。我在前文谈论的"知足"是至关重要的。如果能站在"这就足够了,已经很感激了"的角度去考虑,就能舍弃想赚更多钱的欲望。

信息也一样,收集得越多越容易被束缚,受其摆布。我们真正需要的信息是有限的。我们只需要根据自己的需求收集必要的信息,多余的信息要毫不惋惜地舍弃。这可以说是能在这个信息化的时代生存下去的贤明与智慧。

舍弃就是割掉生活中的"赘肉",放下多余的事物。

如此一来,我们将过上轻松且充实的简约生活。

> 比起"占有",我们更应该学会"断舍离"。

不被他人之言所左右,
坚信自己的感受

人们常说"人言难防"。即使是在组织或团体内部,也有各种各样的闲话。虽然其中大多是谣言,有很多人却信以为真。举例来说,有这样一段评价他人的闲话:

"在客户Ａ公司晋升部长的Ｂ好像是个特别严厉的人。听说对方只要稍稍有失礼仪,他就会当场站起来打断对方的讲话,怒斥说'重来',然后把人家赶回去。"

尽管有些夸大其词,但是如果遇到以严厉出名的部长,光是与其简单地对话就会让人十分紧张。那些容易被他人的意见和言语所左右的人更是如此，他们可能早已在心里描绘了一个严厉、可怕的部长形象，然后整个人会被吓得直哆嗦。

当必须和那位部长当面沟通时，那些人可能会紧张得连话都不会说了。

"无论如何，绝对不能有失礼之处。如果一开始就被他挑出毛病，应该会被批斗很久吧，不知道能不能顺利摆脱他。总感觉会出什么岔子……哎呀，怎么开始胃疼了！"

如此一来，真正谈话时的情景应该不难想象吧。在见面之前，他们就已经是"被蛇盯上的青蛙"了，我甚至怀疑他们连正常打招呼可能都做不到。整个人始终保持"僵硬"，主导权彻底被对方抢走，自己没能提出任何主张和意见，谈话就此草草收尾。即便出现这种结果，也完全不令人意外。

第五章
想开了,生命的花就开了

俗话说:"无风不起浪。"既然会出现这种谣言,应该不是完全没有依据的。也许,事实只是那位部长朝一位他看不下去的非常没有礼貌的人大喝了一声。

那也有可能是那位部长唯一一次震怒。结果,这个小插曲不胫而走,在员工之间迅速传开,最后甚至使他被贴上"怒目金刚"的标签。谣言被传成这个样子是完全有可能的。

或者说,谣言就是这样,能让"一"发酵成"十",甚至"一百"。

我们没有办法控制谣言,最佳选择是把它当作耳旁风。如果你是对谣言非常介意的人,就要学会将谣言"打折扣",只听取"十分"或"一百分"中的"一分"。

如果想知道对方是个什么样的人,只有亲自与对方接触,自己去感受,才是最可靠的。换句话说,你对某个人的感觉就是那个人在你心中最真实的样子。说得不好听一点,那些谣言只是用缺乏依据的信息所美化的"先见之明",而这种"先见之明"会蒙蔽你的双眼,让你失去敏锐的洞察力。

请一定不要忘记将谣言"打折扣",只听取"十分"或"一百分"中的"一分"。

另外,在公司里,你也可能会成为谣言中的主角。

> "她看起来好像做事很认真,不过私生活貌似相当'丰富'。听说,夜不归宿对她而言已经不算什么新鲜事了……"

即便是子虚乌有的事,也有可能被议论得像模像样。听到这种谣言估计很难冷静吧。但是,正所谓"谣言难过月,过月无人传",谣言的有效期其实并不长。

遇到这种情况,我们只需一如既往,请一定做到这一点。如果直接找谣言的始作俑者争论,抑或奉承、巴结,表现得低三下四、卑躬屈膝,都只会火上浇油。

不管是遇到了谣言的始作俑者,还是那些在旁边煽风点火的人,你只要和往常一样,打个招呼、说声"早上

第五章
想开了，生命的花就开了

好"就可以了。哪怕是需要鼓舞自己才能做到，也请一定这样去做。打破谣言的最有效的办法，正是置若罔闻、毫不在意的态度。

只要你能保持这种不为所动的态度，姑且不说谣言会不会撑过一个月，其有效期肯定会大幅缩短。

> **用"一如既往"的行动击退谣言。**

拥有真正属于自己的幸福婚姻

当下,不愿结婚的年轻人在不断增多。日本独立行政法人国立青少年教育振兴机构2015年的调查结果显示:在日本,20岁至30岁的未婚人士中有17.8%的人(男性22.6%、女性12.9%)表示"不想结婚";同时,有78%的人表示"想结婚",但其背后的想法形形色色,有人说"想早点结婚",有人说"遇到喜欢的人就会想结婚"。

在我看来,可能大家潜意识里对婚姻还是抱有希冀和憧憬的。尤其当周围的好朋友一个个都步入婚姻殿堂时,想要结婚的想法自然会变强烈。

如果"想结婚却结不了",结婚就会变成内心的负担。这样一来,你既会心急、焦虑,也会觉得自己不争气、窝囊,因而责备自己,甚至因此变得自卑。

第五章
想开了，生命的花就开了

结婚是建立在两个人有缘分的基础上的。所以，遇到有缘人的时候再去结婚就可以了。这句话概括了我对结婚的所有看法。

如果以结婚为目标的话，在和某人建立恋爱关系时我们就会产生一种想尽可能地让自己看起来更好的欲望。明明自己平时吃饭经常用便利店的便当凑合，却摆出一副美食家的架势，假装自己知道很多美食餐厅；明明自己并不擅长讨论太专业的话题，却临阵磨枪，着急忙慌地搜罗知识和信息，装出一副知性派的样子……

不仅如此，我们甚至会压抑自己的天性去迎合对方。

"今天吃意大利菜？哇，太棒了，我最喜欢意大利菜了！（其实自己不喜欢奶酪，是个彻头彻尾的和食派……）"

"约会时逛一逛各种小店真不错，我很开心！（唉，真想找个安静的地方好好说说话啊！）"

想表现得更好一些也好，压抑自己迎合对方也罢，背后都是"想坚持到结婚"的强烈愿望在作祟。但是，这样做只会离真实的自己越来越远，不是吗？

即便你的"努力"开花结果，你们成功步入婚姻，苦日子也才刚刚开始。走进婚姻后，和当初谈恋爱的时候相比，整个人的状态会有翻天覆地的变化。毕竟是在一起生活，不可能展现出不属于自己的更好的一面，说得更准确一些，应该是没有心情让自己表现得更好。

迎合对方也是有限度的。饮食喜好、生活方式、看待事物的方式以及金钱观等方面的不同，在不久的将来都会全部暴露。当然，这一点对婚姻里的两个人而言是共通的。当一方褪去伪装，我们就会产生"没想到他是这种人""不应该是这副样子的"等想法。

把何时结婚交给缘分决定吧。在缘分到来之前，请保持自我、好好生活。只有在这种状态下缔结的缘分，才能让你始终保持真实、做真正的自己。

禅语"任运自在"的意思是让一切放任自流，不去斡

第五章
想开了，生命的花就开了

旋、抗争。以自己最真实的面貌、按照自己的方式好好生活，就是对"任运自在"最好的实践。人在保持自我的时候才是最美、最闪耀的。

如果你保持这种生活方式，肯定不会错过属于你的"缘分"，肯定会有美好的邂逅。不要心急，不要焦虑（也许缘分很快就会到来），静静地等待那一刻吧。只要想开了，每个人都能拥有真正属于自己的幸福婚姻。

> **"缘分"就在活出自我的延长线上。**

终极的"想开了"
是单纯地作为人活着

对于商务人士来说，事业上的成功应该是他们的人生目标之一。也许，将其视为人生终极目标的人也不在少数。从事个体经营的或是自由职业者，想必没有人不期望把事业做大做强，从而获得更多收入，取得更高的社会地位。

我并不是说为了出人头地而追求事业上的成功一概都是坏事。不过，我还是会有种"就仅仅是事业上的成功而已？"的疑惑。

商务人上的职业生涯应该有四十多年。假设一直晋升到公司的一把手，真正坐在第一把交椅上的时间也只有几年而已（美国一家咨询公司的调查结果显示，世界前

第五章
想开了，生命的花就开了

2500强企业的首席执行官的平均在任时间约为六年半）。

如果我们能活到八十岁，那么，相对于这八十年的光阴而言，几年时间可以说非常短暂。即使这个时候尽情享受事业成功的美酒，一旦离开那个位子，我们也会变成一个普通人，而余生的二十多年也只能作为一个普通人生活下去。

我一直在思考，脱离那些虚幻的职务、地位，作为一个普通的人，我应该如何生活。这一点决定了我们人生的质量。

"啊，我已经完成了所有该做的事，真是没有白活一场。"

在人生落下帷幕、即将驾鹤西去时，能够发出这般感叹的人，其人生想必是最有价值、最有意义的。这恰恰也是这种人的幸福。反之，假设这时我们只能遗憾地感叹：

"在事业上，我的确小有成就。但在这期间，我的家人做出了太多牺牲。明明可以为家人做很多事情，我却几乎什么都没有做。"

"为了取得事业上的成功，我不顾一切地拼到现在，达到了自己的目的。但是，退休后我只剩疲倦与空虚。我这一生究竟算什么啊？"

倘若是这般心境，我们还可以将其称为出色的人生吗？答案不言自明。

在我看来，单纯地作为一个普通人脚踏实地地生活，才能实现人的可持续发展。无论是在职期间，还是退休后，我们能不能开心愉悦地度过，其核心在于能否保持一颗平常心，作为一个普通人生活。举个不太恰当的例子，假设我们为了取得事业上的成功，用阴谋陷害了他人。那么即使我们达到了目的，也彻底葬送了与"积累人生厚度"的缘分，余生将充满悔恨。反观那些将飞黄腾达置之度外、为了家人和自己珍惜的人尽全力生活的人，在我看

第五章
想开了，生命的花就开了

来，这是作为普通人最实在也最出色的生活方式。

禅语"枯高"的意思是"遒劲、坚毅"，也比喻经过积年累月风霜雨雪的洗礼，树叶的绿色渐渐褪去，干枯的树枝非常醒目，即便如此老松树仍能坚毅地保持威严的遒劲身姿。

人在晚年如果能保持"枯高"的姿态，将是一件非常值得感激的事。只有每一天不断增加人生的厚度，才能实现这一点。

重申一次，人生的胜负取决于我们作为一个普通人如何生活。不要去关注周围人如何如何，而是要在生活中贯彻落实自己的人生信条。我认为，这就是极致的"想开了"。

> 作为一个普通人，如何生活决定了你将拥有什么样的人生。

特别附录

让人宽心的"椅子坐禅"

我在第五章中已经说过，要想拥有安稳、香甜的睡眠，最佳方法就是保持情绪平稳。而要想让内心平静下来、保持情绪平稳，毋庸置疑，最有效的办法正是坐禅。

禅修中有一项叫"夜坐"，即在晚上进行打坐。它的舒适程度是难以比拟的。夜坐时，我们的内心归于平静，不被任何事物所打扰。我觉得甚至可以断言，没有比坐禅更有效的"安眠药"。

这一点已经在医学上得到了验证。不知大家有没有听说过"血清素"这个词？它是一种神经递质，有镇静、调节情绪的作用。

医学试验表明，伴随着丹田式呼吸的坐禅可以提高血清素的活性。也就是说，"坐禅→激活血清素→内心平静"

特别附录
让人宽心的"椅子坐禅"

这一公式是成立的。

原本,我认为坐禅最好在长期修行的禅僧的指导下进行。因为坐禅时姿势是否正确、到位,以及呼吸是否正确等,自己是很难判断的。如果有人在旁边加以指导、检查,并帮助纠正姿势或呼吸等,我们就比较容易掌握其中的窍门,也能尽早形成身体记忆。如此一来,只要让身体记住相应的姿势和呼吸窍门,就能随时随地进行坐禅。

后来我发现,即使不是真正的坐禅,身体也能体会到坐禅所带来的感觉。在这里,我向大家介绍一种"椅子坐禅"。方法非常简单,坐在床上或椅子上就可以进行。

十分钟"椅子坐禅"，拂去内心阴霾

◎ 步骤1

端正地坐在椅子上

轻轻地坐在椅背较硬的椅子上，挺直后背，头部与尾骨呈一条直线。

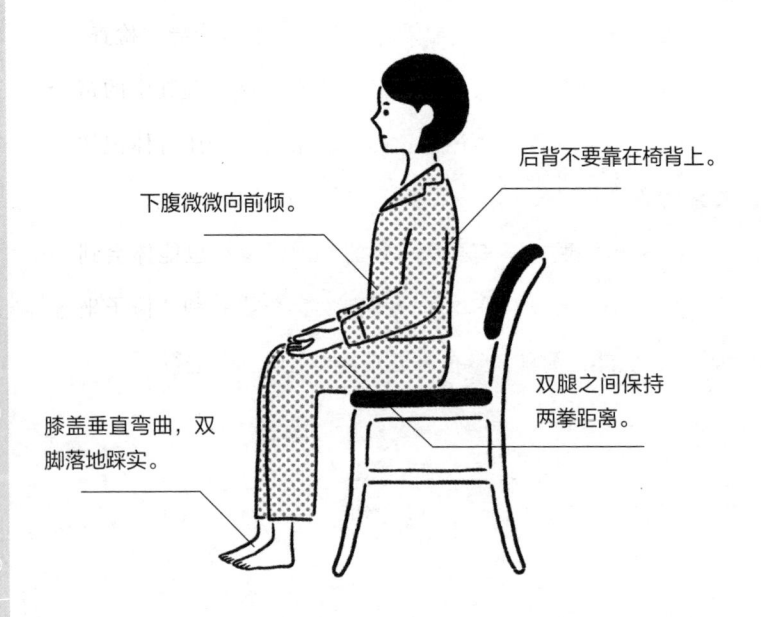

下腹微微向前倾。

后背不要靠在椅背上。

膝盖垂直弯曲，双脚落地踩实。

双腿之间保持两拳距离。

特别附录
让人宽心的"椅子坐禅"

你真的坐端正了吗?

前倾

一般来说,大家坐端正时,几乎所有人的上身都会微微前倾。可能你真正坐端正时会觉得"这么靠后吗?"。

驼背、伸下巴

注意,一定不要弓背或驼背。弓背时容易伸下巴,这一点要多加注意。

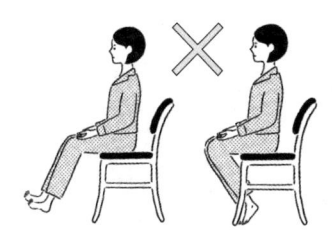

头朝左偏或右偏

身体朝左或朝右微倾的人,头部也容易偏向同一个方向。

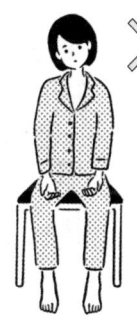

双脚随意放置

双脚若是不能与小腿呈90度笔直地放在地面上,坐禅的姿势就不正确。

通过左右摇晃的方式确认坐姿是否端正

要想知道坐姿是否端正,请将双手掌心向上放在膝盖上,试着左右摇晃上半身。一开始你可以大幅度地摇晃,然后慢慢减小幅度,感觉坐稳时停止摇晃,这时你身体的中轴处于笔直状态。

◎ 步骤2

双手交叉

双手掌心向上，左手置于右手手掌之上。

两拇指指尖相接。双手交叉后保持椭圆形。这代表双手结下法界定印。

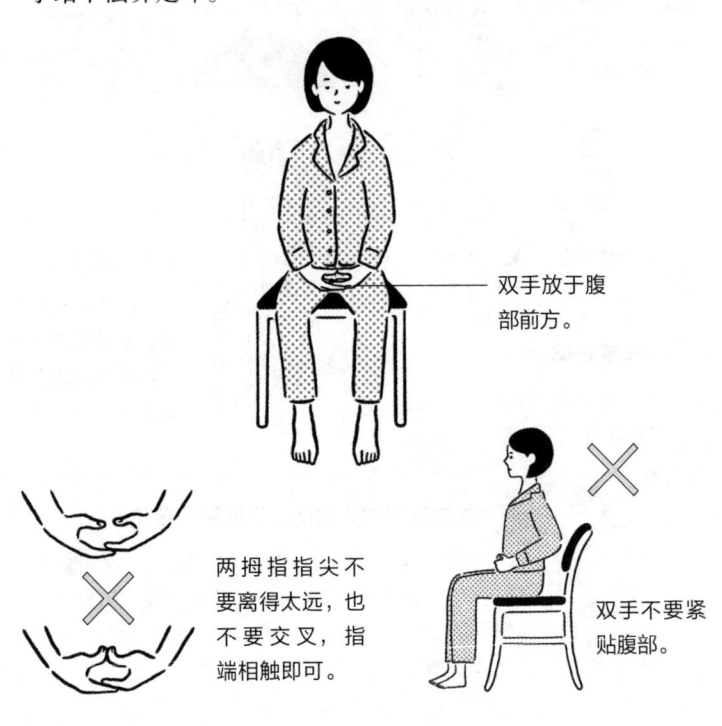

双手放于腹部前方。

两拇指指尖不要离得太远，也不要交叉，指端相触即可。

双手不要紧贴腹部。

特别附录
让人宽心的"椅子坐禅"

◎ 步骤 3
视线落在前方约一点五米处的地面上

视线落在前方约一点五米处的地面上。眼睛不要完全闭上,半睁即可。半睁着双眼就不会打瞌睡,能够将注意力集中在坐禅上。

佛祖的眼睛也是半睁着的。让我们像佛祖那样,保持平稳的情绪,让内心平静下来吧。

◎ 步骤4
缓慢地进行深且长的丹田式呼吸

接下来就是呼吸了。首先,做几次深呼吸。接下来,深深地吸一口气,感受肚脐下方二寸五分(约7.5厘米)处的"丹田",用嘴和鼻子慢慢地吐气。尽可能彻底地吐气,就像要把身体里的晦气全部吐出来一样。下一步,慢慢地让空气进入腹部。各人按照自己的节奏认真进行即可。可能的话,请反复这样做十分钟。即使是比较忙碌的人,最少也要坚持五分钟以上。

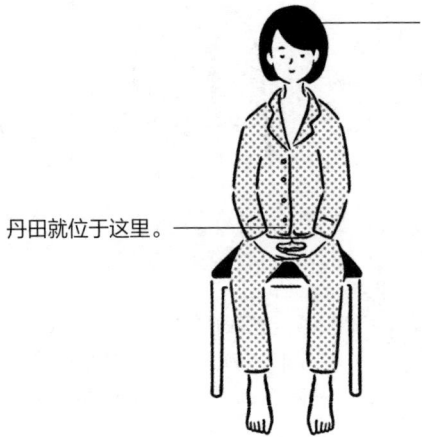

丹田就位于这里。

即使大脑里浮现出一些杂念,也不要被它们所左右。不要太过介意,不去理会它们即可。如此一来,那些杂念自然会消失。

特别附录
让人宽心的"椅子坐禅"

你做得怎么样?通过"椅子坐禅",你应该能亲身体验到内心渐渐平静的感觉。习惯了以后,你就能体会那种内心澄澈的感觉,还能感受到平时根本没有注意过的鸟叫声、风声,甚至是空气的味道。这时你的身心会有多么舒适,想必难以言喻。

坐禅时,你的头脑中可能会涌现各种各样的思绪,这也没关系。重要的是,不要让那些涌起的思绪停留。如果你能做到置之不理,那些思绪自然会消失。

虽然我们经常说坐禅时要保持"无心",但所谓的"无心"并不是什么都不想。我认为,任凭那些思绪涌现再慢慢消失,不去理会它们,才是"无心"。

那么,就让我们只想一些好事,慢慢地进入梦乡吧。

图书在版编目（CIP）数据

我想开了 /（日）枡野俊明著；白娜译 . —北京：北京联合出版公司，2022.5（2022.11重印）

ISBN 978-7-5596-5780-0

Ⅰ．①我… Ⅱ．①枡…②白… Ⅲ．①成功心理－文集 Ⅳ．①B848.4-53

中国版本图书馆CIP数据核字（2021）第249202号

北京市版权局著作权合同登记 图字：01-2021-7079号

「傷つきやすい人のための 図太くなれる禅思考」（枡野俊明）
KIZUTSUKIYASUIHITONOTAMENO ZUBUTOKUNARERU ZENSHIKO
Copyright © 2017 by SHUNMYO MASUNO
Original Japanese edition published by Bunkyosha Co., Ltd., Tokyo, Japan
Korean edition published by arrangement with Bunkyosha Co., Ltd.
through Japan Creative Agency Inc., Tokyo and Inbooker Cultural Development (Beijing) Co., LTD, Beijing.

我想开了

作　　者：（日）枡野俊明	译　　者：白　娜
出品人：赵红仕	出版监制：辛海峰　陈　江
责任编辑：徐　鹏	特约编辑：郭　梅
产品经理：于海娣	版权支持：张　婧
封面设计：Yoshioka_Yuutarou	美术编辑：任尚洁

北京联合出版公司出版
（北京市西城区德外大街83号楼9层　100088）
北京联合天畅文化传播公司发行
凯德印刷（天津）有限公司印刷　新华书店经销
字数 94千字　787毫米×1092毫米　1/32　7印张
2022年5月第1版　2022年11月第5次印刷
ISBN 978-7-5596-5780-0
定价：48.00元

版权所有，侵权必究
未经许可，不得以任何方式复制或抄袭本书部分或全部内容
如发现图书质量问题，可联系调换。质量投诉电话：010-88843286/64258472-800